자폐 아들과
함께한
시간의 기록

———

우근이가
사라졌다

송주한 지음

한울림스페셜

일러두기
이 책에 나오는 인물, 학교, 기관 등은 대부분 실명을 밝히지 않았습니다. 정확한 의미 전달을 위해
실명을 밝힐 필요가 있는 경우에도 부득이한 몇 군데를 제외하고는 최대한 가명과 이니셜로 대체
하였습니다.

이 책은 제 인생 중반에 막내아들 우근이와 함께했던 '시간의 기록'입니다. 부자(父子)가 함께 쓴 '성장 일기'라고 할 수 있지요. 세 아들의 아빠로서 자폐성 장애가 있는 막내 우근이를 지원하면서 느꼈던 희로애락, 가족과 이웃 사이에서 겪었던 시시콜콜한 이야기, 제가 꿈꾸는 세상에 대한 희망 등을 담고 있습니다.

"아이의 장애를 있는 그대로 인정하자."

"장애아도 뭐든 스스로 할 수 있다."

"부모가 행복해야 아이도 행복하다."

"아이는 부모의 뒷모습을 보고 성장한다."

"아이는 믿는 만큼 자란다."

이런 신념으로 전 우근이를 지원했습니다. 저의 믿음이 낯설게 느껴지는 분들도 분명 있을 겁니다. 많은 사람이 장애아라고 하면 천사 같은 모습이거나 괴물 같은 모습을 떠올리고, 장애아의 부모라면 아이를 위해 자신의 행복은 접고 헌신해야 한다고 생각합니다. 바로 그런 분들에게 이 책을 통해 제 이야기를 소개하려고 합니다. 이 책을 읽고 '이 사람은 이렇게 살았구나. 이렇게 살 수도 있겠구나.' 하는 정도로 받아들여준다면 그걸로 만족합니다.

덧붙여 제 이야기를 용기 내어 꺼내게 된 계기는 이렇습니다. 집에서 가까운 대학 도서관에 걸려있는 다음의 문구가 제 마음을 움직였기 때문입니다.

"My story, Our history."

장애와
더불어 사는
삶

불안과
행복 사이

《아들을 찾습니다. 이름 ○○○, 나이 16세, 자폐성 장애 1급,
베이지색 줄무늬 티셔츠와 검은색 바지, 은색 목걸이 인식표 착용,
연락처 : 010-5310-××××, 오늘 오후 5시 30분경 ○○복지관에서
특수체육 수업 도중에 사라진 후 다섯 시간째 나타나지 않고
있습니다. 많은 관심 가져주시길 부탁드립니다.》

〈장애인부모회〉 단체 SNS에 올라온 글입니다. 아들을 잃은 엄마가
아들 사진 한 장과 함께 이런 글을 올렸더군요. 그 엄마가 애간장을
태우는 모습이 눈에 선했습니다. 저도 우근이가 외출한 후 집에
돌아오는 시간이 좀 늦어진다 싶으면 불안하고 초조한 마음에 속이
까맣게 타들어가곤 했으니까요.

아들을 찾습니다

동병상련이라고 많은 장애아 부모가 실종된 아이와 그 부모에게
관심을 보이며 격려했습니다. 다른 단체 SNS 방으로 그 엄마가 올린
글을 퍼 나르기도 했습니다. 대개 이런 공지가 뜨고 짧게는 수 시간,
길게는 하루 이틀 정도 지나면 다행히 아이를 찾았다는 소식이
올라옵니다. 때로는 집에서 수십 킬로미터 떨어진 치안센터에서

아이를 찾기도 합니다. 그제야 다른 장애아 부모들도 안도의 한숨을
쉬면서 가슴을 쓸어내리지요.

그런데 이런 일을 경험해본 장애아 부모들과 이야기를 나누어보면
한 가지 공통점을 발견하게 됩니다. 장애 자녀가 어린 시절을 지나
십 대, 이십 대로 성큼성큼 성장해가는데도 아이를 부모나 가족과
떨어져 혼자서 외출하게 해본 적이 거의 없다는 것입니다.

몸이 다 컸는데도 대처능력은 어린아이보다 못한 장애 자녀에게서
불안을 거두지 못하는 부모의 심정이야 오죽하겠습니까?

그 마음을 이해하지 못하는 건 아닙니다만, 이런 태도가 어떤
결과를 가져오는지에 대해 장애 자녀를 둔 부모라면 한 번쯤
진지하게 돌아볼 필요가 있습니다.

학교 출입문에 번호 키를 설치한 이유

강남에 있는 J특수학교를 방문할 기회가 있었습니다. 알고 지내는
장애아 부모 두 분이 자녀를 그 학교에 보내고 있었지요.

4층짜리 커다란 건물 한 동을 쓰고 있는 J특수학교는 건물 밖
앞쪽에 운동장 시설도 제법 잘 갖추고 있었습니다.

그런데 이상한 점이 있었습니다. 아이들이 한창 수업을 하고 있는
시간인데도 학교로 들어가는 출입문이 잠겨있었습니다. 번호 키를
달아놓아서 외부인은 건물 안에서 경비아저씨가 문을 열어줘야만
들어갈 수 있는 구조였습니다. 들어가서 자세히 살펴보니 출입문

안쪽에 번호 키가 하나 더 설치되어있더군요. 게다가 보통은 번호
키에 달려있는 동그란 버튼을 누르면 문이 열리게 되어있는데,
이 번호 키는 달랐습니다. 궁금하면 못 참는 성격인지라
경비아저씨에게 물었습니다.

"문 안쪽에 설치한 이 번호 키는 무슨 용도인가요?"

"아이들이 혼자서 버튼을 누르고 학교 밖으로 나가지 못하도록
잠금장치를 해놓은 거예요."

"그럼 아이들이 건물 안에 들어오면 밖으로 나갈 수가 없나요?"

"당연하죠. 아이 혼자서 밖에 나갔다가 사라지면 어떡합니까.
그런 일이 일어날 가능성은 미리 차단하는 게 낫죠."

얘기인즉슨, 이 학교 학생들은 교사가 동행하지 않는 이상 학교
건물 바로 앞에 있는 운동장에조차 나갈 수 없다는 겁니다.
일반 학교만 출입해봤던 저에게 그건 아주 낯선 광경이었지요.
무엇보다 학생의 출입이 교사나 학교 직원들에 의해 전적으로
통제당한다는 사실이 안타까웠습니다. 물론 교사 입장에서야
학생의 안전과 실종 예방이 최우선이었을 겁니다. 학생 혼자
외출했다가 돌아오지 못할 수도 있고, 뜻하지 않은 사고를 당할 수도
있으니까요. 여기에 장애 자녀의 안전을 우려하는 학부모들의 요구도
한몫했을 겁니다.

그래도 마음이 씁쓸했습니다. 문득 수년 전에 제가 경험했던 번호
키에 얽힌 일화가 떠올랐습니다.

아이들 안에 숨어있는 놀라운 능력

지금은 우리 집 현관문에도 번호 키가 달려있지만, 예전에는 열쇠로
현관문을 열어야 했습니다. 우근이도 초등학교에 입학한 뒤로는
가방에 열쇠를 넣고 다녔지요. 학교에서 돌아왔을 때 집에 아무도
없으면 혼자서 현관문을 열고 들어가야 했으니까요.
그러다가 우리 아파트에도 번호 키가 유행하기 시작했습니다.
이 집 저 집에서 너도나도 방범에 취약한 열쇠 대신 안전한
번호 키로 바꾸더군요. 저도 당장 그러고 싶었지만 한 가지 마음에
걸리는 게 있었습니다. '우근이가 네 자리 수 비밀번호를 기억할 수
있을까?' 확신이 서지 않았습니다.
당시 우근이는 인지능력이 숫자를 겨우 읽는 수준이었습니다.
게다가 틈만 나면 혼자 외출을 했지요. 우근이가 돌아올 때를
대비해 가족 중에 누군가가 매번 집을 지키며 기다릴 수는 없는
노릇이었습니다. 그렇다고 뾰족한 대책이 떠오르는 것도 아니어서
저는 차일피일 결정을 미루었습니다.
하지만 열쇠를 사용하다 보니 불편한 점이 자꾸 불거졌습니다.
외출할 때 깜빡 하고 열쇠를 놓고 나가거나 분실하는 경우가 종종
발생했지요. 하필 그런 날 집에 아무도 없기까지 하면 누군가 돌아올
때까지 현관문 앞에 서서 기다리는 수밖에 없었습니다.
더 이상 안 되겠다 싶어 번호 키의 기능을 알아보았습니다. 다행히
비밀번호를 몰라도 문을 열 수 있는 보조 키 기능이 따로 있더군요.

'그래, 이런 방법이 있었구나. 우근이에게는 비밀번호 대신 보조 키를
사용하게 하면 되겠네.'

저는 당장 현관문에 번호 키를 설치했습니다. 우근이에게는
등·하교나 외출을 할 때 보조 키를 가지고 다니도록 챙겨줬습니다.
혹시 몰라서 비밀번호로 문을 여는 방법도 알려주었습니다.

며칠 후 주말, 우근이 혼자서 외출을 했습니다. 돌아와서 벨을
누르면 제가 직접 문을 열어줄 요량으로 보조 키 없이 그냥
내보냈지요. 얼마나 지났을까. 누군가가 "삑삑삑삑~." 하고
비밀번호를 누르는 소리가 들리더군요. 누가 왔나 싶어 나가 보던
저는 순간 깜짝 놀라고 말았습니다. 현관문을 열고 우근이가
들어오고 있었습니다. 반신반의하며 알려준 번호 키의 비밀번호를
기억하고 있었던 겁니다.

J특수학교 선생님들도 오로지 안전만을 생각해서 학생들의 출입을
통제했을 겁니다. 그렇지만 모든 학생의 자율적인 출입을 통제하는
조치가 과연 옳은 결정일까요? 학생들 가운데는 쉬는 시간에
운동장으로 나가서 신나게 뛰어놀다가 오고 싶은 학생도 얼마든지
있을 수 있습니다. 아무리 장애가 있다고 해도 아이들이 그 권리와
자유를 누릴 수 있도록 배려하고 고민하는 자세가 필요합니다.

장애 학생은 무조건 보호받아야 하고 뭐든 혼자 할 수 없다고
여기는 건 고정관념입니다. 기회가 주어지면 장애 학생들도 자신의
잠재 능력을 보란 듯이 발휘하는 경우가 많습니다. 우근이가 번호

키의 비밀번호를 기억했던 것처럼 말이지요.

물론 아이들이 실수하고 넘어질 수도 있습니다. 그래도 지켜봐주어야 합니다. 장애 학생 스스로 결정하고 행동할 수 있도록 기회를 주는 건 우리 어른들의 의무라고 생각합니다.

하지만 안타깝게도 저를 포함하여 장애 학생과 더불어 사는 부모와 선생님들조차 장애아는 스스로 할 수 없다는 고정관념에서 벗어나지 못하는 경우가 많습니다.

혼자서 사라지는 아이

자폐성 장애가 있는 우근이는 어려서부터 어딜 가든 엄마·아빠와 함께 다니는 일이 많았습니다. 할머니도 큰손자나 작은손자와는 달리 막내 손자의 일거수일투족에 신경을 많이 쓰셨지요.

그렇지만 한 살 한 살 커가는 우근이를 마냥 부모 옆에 묶어둘 수만은 없었습니다. 우근이가 초등학생이 되고부터 주말만큼은 혼자 나가 놀다 오도록 허락해주었습니다. 처음에 우근이는 아파트 단지 안에 있는 놀이터에서 놀거나 자전거를 타고 동네를 한두 바퀴 돌다가 들어오곤 하더군요. 그런데 중학생이 되고부터는 아파트 단지를 벗어나 동네 이곳저곳을 쏘다니기 시작했습니다. 평균 두세 시간, 길면 하루 반나절을 돌아다니는 일이 다반사였지요.

우근이의 외출 시간이 길어지면서 우리 부부는 불안과 걱정이 늘었습니다. 행여 우근이가 어디 가서 다치지는 않을까?

누구에게 피해를 주지는 않을까? 유괴당하거나 실종되면 어쩌지?
머릿속에서 온갖 상상이 펼쳐지고 가슴이 콩닥콩닥 뛰면서 걱정이
불어났습니다. '아니야, 우근이는 알아서 잘 돌아올 거야.' 머리를
좌우로 세차게 흔들며 걱정을 떨쳐내려고 하지만 그럴수록 불안은
더욱 커져만 갔습니다.

그렇게 마음을 졸이며 감정의 롤러코스터를 몇 시간 타다 보면
어느 순간 "삑삑삑삑~, 드르륵~." 하는 소리와 함께 현관문이
열리며 우근이가 태연한 얼굴로 들어옵니다. 그러면 '역시 무사히
돌아왔구나.' 하면서 그동안의 걱정과 불안이 온데간데없이
사라지지요. 이렇듯 우리 눈에는 어디론가 사라진 것처럼 보일지라도
우근이는 스스로 가고 싶은 곳에 가보고 하고 싶은 걸 해보고는
때가 되면 다시 우리 곁으로 돌아왔습니다.

우근이의 외출이 잦아지면서 우리 부부는 이런 상황에 익숙해졌고
언제부턴가 더 이상 불안해하지 않게 되었습니다. 그런데 우근이가
사춘기 홍역을 앓고 고3이 되면서부터 걱정할만한 상황이
벌어졌습니다. 이전과 달리 밤늦게까지 외출하는 일이 잦아졌습니다.
초저녁에는 집에서 잘 놀다가 엄마·아빠가 잠이 들면 슬그머니
현관문을 열고 집을 나서는 일이 많았습니다.

낮에 나가 초저녁까지 돌아다니던 우근이가 난데없이 밤 12시를
넘기면서까지 동네를 쏘다니기 시작하면서 우리 부부는 불안병이
도졌습니다. 머리로는 우근이를 믿는다고 하면서도 막상 잠을 이루지

못하고 기다릴 수밖에 없었지요. 갖은 상상을 하다 보면 한두 시간
정도 지난 후에 우근이가 들어오기는 했습니다. 그렇다고 해서
허구한 날 잠을 안 자고 기다릴 수는 없었지요. '에라, 모르겠다.
잠부터 자두자. 자다 보면 들어와있겠지. 만약 무슨 일이 일어나면
그건 그때 가서 생각하자.' 언제부턴가 저는 될 대로 되라 하는
심정으로 먼저 자버렸습니다. 아침에 일어나 보면 예상대로 우근이는
아무 일 없이 들어와 제 방에서 자고 있었지요.
이처럼 심야 외출 후에도 잘 들어오는 걸 매번 확인하면서도
저는 우근이가 못 미더워서 자꾸만 잔소리를 했습니다. 한밤중에
돌아다니면 위험하다고 말이지요.

'통제'보다는 '자유'를

오랜 세월 이런 사건을 겪으면서 저는 수없이 갈등했습니다.
'우근이를 믿고 자유롭게 놓아줄 것인가, 아니면 통제하고
따라다녀야 할 것인가?' 그 끝에 '그래, 힘들지만 우근이의 자립을
위해서라도 지금 방식으로 키우자.' 하고 결론을 내렸습니다.
대신 아내의 요구대로 우근이가 진짜 실종될 것에 대비해
인적 사항을 적은 팔찌를 우근이의 손목에 채워주기로 했습니다.
하지만 우근이가 그 팔찌를 곧바로 풀어버리더군요. 안 되겠다
싶어 중3 때 휴대전화를 개통해주었습니다. 하지만 별로 도움이
안 되더군요. 우근이가 휴대전화를 가지고 다니긴 하는데 가족이

전화를 걸면 받자마자 끊어버리는 겁니다. 잘 다니고 있는데 왜 자꾸 전화하느냐는 심산인 것 같습니다.

답답한 건 우리 부부였지요. 그러다 누군가의 권유로 휴대전화 위치 추적 서비스를 신청해보기도 했습니다. 이것도 역시 효과가 없었습니다. 당시에는 기술상의 한계가 많아 우근이가 어느 지점에서 반경 1~2킬로미터 안에 있다는 정도만 알 수 있을 뿐, 정확히 어느 지점에 있는지는 알 수가 없었습니다.

부모 마음 좀 편해보려고 다양한 시도를 했지만 답이 없었습니다. 어쩌겠습니까. 그냥 예전처럼 우근이를 믿고 기다리는 수밖에요. 말로만 듣던 '실종자 가족'이 될 수도 있다는 불안과 두려움이 컸지만 그렇다고 해서 우근이의 '자유'를 빼앗을 수는 없는 노릇이었습니다. 하는 수 없이 아내에게 단호하게 말했습니다.

"여보, 우리도 언젠간 실종자 가족이 될 수 있다는 각오로 삽시다." 아내는 어이없다는 표정을 지었지요. 그래도 저는 말했습니다. "만에 하나 그런 일이 일어난다면 우리 운명으로 받아들입시다." 그런 각오로 사는 게 맘이 놓이고 편했습니다. 거꾸로 보면 그건 우근이에 대한 믿음이 그만큼 크다는 반증이기도 했으니까요.

장애 자녀와 더불어 산다는 것

이제 우리 부부는 우근이가 들어오기 전에 편안하게 잠자리에 듭니다. 자다가 밖에서 달그락거리는 소리에 깬 적도 많습니다.

우근이는 심야 외출을 마치고 집에 돌아와 한밤중에 라면을 끓여
먹거든요. 빨래바구니에 빨래가 담겨있으면 그걸 세탁기에 넣고
돌리기도 합니다. 세탁기 앞에 앉아 노래까지 흥얼거립니다.
설거지거리가 남아있으면 마무리하는 것도 빼놓지 않습니다. 아침에
일어나 보면 외출 후 들어와 이것저것 하고서는 나름 마무리해놓고
잠든 흔적이 보입니다. 불도 잘 끄고 잡니다. 다만 추운 겨울에
가끔씩 베란다 문을 열어 놓고 자는 게 흠이긴 했지만요.
처음에는 바스락거리는 소리가 신경이 쓰였지만 이제는 그마저도
무감각해졌습니다. 우리 부부가 잠자리에 든 심야에 우근이가
이런저런 집안일을 하는 이유가 뭘까요? 아마도 그 시간에는
부모님의 잔소리에서 해방될 수 있기 때문이 아닐까요?
엄마·아빠가 보면 이래라 저래라 잔소리를 보탤 게 분명하니까요.
우근이가 가장 싫어하는 것 중에 하나가 잔소리거든요.
참 신기한 일은 고등학교를 졸업한 뒤로 한밤중에 외출하는
우근이의 버릇이 감쪽같이 사라졌다는 것입니다. 아무리 야단을
치고 사정을 해도 고칠 수 없을 것 같았는데 그 행동을 하루아침에
멈춘 겁니다. 이제 우근이는 제발 나가서 산책이라도 좀 하고
들어오라고 해도 듣는 둥 마는 둥 합니다. 재촉을 하고 등을 떠밀면
간신히 동네 한 바퀴 돌고는 곧바로 들어와버립니다.
참 알다가도 모를 일이지요. 우근이가 이렇습니다. 뭔가에 꽂히면
앞뒤 안 가리고 집중하다가도 어느 순간 흥미를 잃으면 언제

그랬냐는 듯 잠잠해집니다.

장애 자녀와 더불어 산다는 건 불안과 걱정을 달고 사는 일입니다.
하지만 아이를 믿고 지켜보겠다는 용기를 내면 결국 자유와 기쁨이
찾아옵니다. 처음부터 자녀를 믿고 불안과 걱정을 넘어서기가
쉽지는 않습니다. 그래도 일단 첫 고비를 넘기면 자신감이 생깁니다.
낯설고 불안한 것도 자꾸 반복하다 보면 익숙해지고 나중에는 마치
습관처럼 되어 자유로워집니다. 그러고 나니 행복이 찾아오더군요.
잔소리할 일이 없으니 스트레스 받을 일이 적어서 기분도 좋습니다.
우근이와 함께 살아가면서 깨달음을 얻는 일은 우리 부부에게
축복입니다.

우근이는
버튼맨

우근이는 버튼 누르기를 좋아합니다. 초등학교 시절에는 동네
가정집 대문에 붙어있는 초인종을 슬쩍 누르고는 모르는 척하고
지나가는 게 취미였습니다. 자주 그런 행동을 한 건 아니지만 잊을
만하면 한 번씩 남의 집 초인종을 눌러서 '누가 왔나?' 하고 밖을
내다보는 집 주인을 허탈하게 만들곤 했습니다.

빨간색 '버튼'의 유혹

주택 초인종을 누르는 우근이의 행동은 중고생이 되면서 사라지는
듯했습니다. 대신 그 행동이 이번에는 횡단보도 신호등에 있는
시각장애인용 버튼을 누르는 것으로 옮겨갔지요.

"이거 읽어봐. 이건 시각장애인용이잖아. 네가 사용하는 게 아니니까
누르면 안 돼."

아무리 타일러도 소용이 없습니다. 신호등이 푸른색으로 바뀌기를
기다리는 동안 제 눈치를 살피다가 슬며시 신호등으로 다가가
시각장애인용 버튼을 누릅니다. 다행히 이 정도는 아무 문제가
없습니다. 시각장애인을 위해 신호등 상황을 친절하게 안내해주는
전자음 목소리가 울려 퍼지는 것뿐이니까요.

문제는 전철을 이용할 때지요. 저와 우근이가 자주 이용하는
경의중앙선 전철역 플랫폼에는 '비상 정지 버튼'이 있습니다.
스크린도어가 없는 플랫폼이다 보니 승객이 선로로 추락하는 사고가
발생했을 때를 대비해 설치한 것 같았습니다.

하지만 우근에게는 이것도 그냥 '버튼'이었습니다. 이 빨간색
'비상 정지 버튼'도 한 번쯤 눌러보고 싶었나 봅니다.

우근이가 고1 때의 일입니다. 저와 둘이서 등산을 마치고 남양주에
있는 경의중앙선 팔당역에서 전철을 기다리고 있는데 난데없이
비상벨이 울렸습니다. "삐익, 삐익, 삐익." 잠시 후 역무원이 헐레벌떡
뛰어왔습니다. 저는 우근이가 사고를 쳤다는 걸 직감하고 직원에게

신속하게 전후 사정을 설명했습니다.

"제 아들이 장애가 있는데, 잘못 눌렀나 봅니다. 죄송합니다."

"이걸 누르면 전철이 비상 정지합니다. 비상시가 아닌데 사용할 경우 처벌을 받으니까 보호자님이 잘 지도해주세요."

"네, 알겠습니다."

그 뒤로 그 지역 전철을 이용할 때마다 특별히 신경을 썼습니다. 다행히 한동안은 잠잠하더군요. 비상 정지 버튼을 눌러 전철을 세우는 과감한 행동은 이제 사라졌나 보다 했습니다.

방범용 비상 벨 소동

동네 공원 산책 길에는 '방범 벨'이 흔하게 있습니다. 안전이 취약한 지역에 어린나 여성을 위해 설치해놓은 방범용 비상 벨이지요. 누구든지 위험에 처했을 때 이 벨을 누르면 곧바로 경찰과 연결이 되기 때문에 도움을 요청할 수가 있습니다.

우근이는 이런 벨을 보면 눈이 반짝였습니다. 한 번은 저와 함께 공원에서 산책을 하는데 갑자기 스피커에서 소리가 울려 퍼졌습니다.

"경찰관입니다. 무엇을 도와드릴까요?"

제가 잠깐 한눈을 판 사이에 우근이가 방범 벨을 눌렀나 봅니다

"죄송합니다. 제 아들이…"

저는 신속하게 상황을 설명했지요.

한두 번 이런 일이 있다가 잠잠해진다 싶었습니다. 그런데

언제부턴가 동네 골목에도 방범 벨이 속속 설치되기 시작했습니다.
틈만 나면 동네를 쏘다니는 우근이에겐 뿌리칠 수 없는 유혹이
늘어나고 있는 것이지요.
그 후로 우근이는 저와 함께 동네를 걸을 때면 제 눈치를 보다가
눈 깜짝할 사이에 벨을 눌러버립니다. "경찰관입니다. 무엇을
도와드릴까요?" 하는 목소리가 울려 퍼지면 말없이 그 자리를
피합니다. 이대로 두면 안 되겠다 싶어서 설치된 장비에 적혀있는
안내 번호로 전화를 걸었습니다.
"제 아들이 자폐성 장애가 있는데, 가끔 방범 벨을 누르곤 합니다.
번거롭게 해서 죄송합니다."
"위급 상황에만 누르게 되어있으니 잘 지도해주세요."
하지만 아무리 타이르고 주의를 주어도 소용이 없었습니다. 당분간
이 취미가 지속될 게 분명해서 직접 만나뵙고 사정을 설명하는
게 좋을 것 같더군요. 알아보니 방범용 비상 벨을 관리하는 곳은
구청에 새로 설치된 CCTV 통합관제센터였습니다. 경찰을 비롯한
유관기관이 협력해서 만든 거라고 하더군요.
저는 우근이를 데리고 통합관제센터를 찾아가 센터 담당자에게
우근이의 장애 특성에 대해 설명하고 양해를 구했습니다.
"업무에 방해를 드려 죄송합니다."
"괜찮습니다. 너무 신경 쓰지 않으셔도 됩니다."
그곳 직원들은 이미 우근이가 종종 비상 벨을 누른다는 걸 CCTV를

통해 파악하고 있더군요. 괜찮으니 걱정하지 말라고 하면서 오히려
저를 안심시켜주었습니다.

너 스토커 맞지?

우근이가 밤낮으로 동네를 쏘다니던 고2 때였습니다. 어느 날 누군가
벨을 눌렀습니다. 우근이를 앞세운 젊은 경찰관이었지요. 민원이
들어오면 출동해서 우근이를 집에 데려다주면서 늘 웃음을 잃지
않던 분이었습니다. 그런데 그날은 작심한 듯 우리 부부에게 '부탁
드린다'고 하면서 한마디 하더군요.

"아드님을 제대로 '관리'하지 않으시니까 영업장에서 항의가
들어오고 저희 업무에도 부담이 됩니다."

"죄송합니다. 근데 민원이 들어온 게 어느 영업장인가요?"

"그만 가보겠습니다."

대답하기 곤란하다는 듯 경찰관은 아무 말 없이 돌아갔습니다.
우리 부부는 당황스러웠습니다. 지금까지 우근이 덕(?)에 경찰관을
자주 대해왔지만 이런 경우는 처음이었습니다. 우근이가 어디서
무슨 일을 저질렀기에 경찰관이 저런 태도를 보이는 걸까?
주의까지 받은 마당에 또 민원이 제기되면 안 되겠다 싶어서 당장
집을 나섰습니다. 먼저 그 즈음 우근이가 자주 가던 동네 보드게임
카페에 들렀습니다.

"혹시 최근에 우근이가 여기 와서 불편을 끼치지 않았나요?"

"자주 오긴 했는데 주방에 들어와서 이것저것 만지는 것 말고는
특별히 불편한 건 없었어요."

"혹시 치안센터에 전화하신 적이 있나 해서요."

"아니오. 올 때마다 아드님을 잘 타일러서 보냈는데요."

사장님께 고맙다는 인사를 전하고 나왔습니다.

'여기는 아니구나. 그럼 도대체 어디일까?'

치안센터에 가서 소장님에게 전후 사정을 이야기하고 민원이 들어온
영업장이 어디인지 알려줄 수 없냐고 물었습니다. 소장님은 민원인의
신원도 보호해야 한다면서 말해줄 수 없다고 하더군요. 그러면서도
동네 큰 사거리에 있는 클래식기타 학원 건물에 요즘 우근이가
자주 들르는 것 같더라고 은근 슬쩍 정보를 흘려주었습니다.

그 건물은 제가 8년 동안 다닌 기타 학원이 있는 곳으로
우근이에게도 익숙한 장소였지요. 1층 햄버거 매장에 가서 물어보니
최근에 우근이가 오지 않았다고 했습니다. 다행히 2층 맥주
가게에서 단서를 잡을 수 있었습니다.

"그렇지 않아도 요즘 학생이 자주 와서 우리 가게에 있는 화장실을
드나들었어요. 손님들이 좀 불편해하기는 했지만 별일은 없었고요.
어쩌면 저희 맞은편에 있는 가게 주인이나 손님이 불편했을지도
모르겠네요."

그곳 사장님을 찾아가 우근이의 장애 특성에 대해 설명하고
양해를 구하고 나오는데, 바로 그때 위층에서 우근이의 목소리가

들렸습니다. 잠시 후 위층에서 쏜살같이 뛰어 내려온 우근이가
1층 건물 밖으로 냅다 내빼더군요. 동시에 위층에서 고함 소리가
들렸습니다.

"야, 너 거기 안 서? 너 오늘 딱 걸렸어!"

순간적으로 우근이가 무슨 사단을 냈다는 걸 직감했습니다.
당장 위층으로 뛰어 올라갔습니다. 그 순간 계단을 내려오던
삼십 대 남성과 딱 마주쳤는데, 그 남자는 다짜고짜 저를 구석으로
몰아세우더니 이렇게 외쳤습니다.

"야, 이 ××야, 너 스토커 맞지? 오늘 잘 만났다, 내가 기다리고
있었거든."

"저 그게 아니고…"

"조용히 해, 당장 경찰서로 가자고."

졸지에 스토커로 몰린 저는 그 남자를 진정시키고 해명을 하느라
진땀을 빼야 했습니다.

"정말 죄송합니다. 방금 뛰어 내려간 아이는 제 아들이고요, 저는
그 아이 아빠입니다. 지금 아들이 한참 사춘기 행동이 심해서 무슨
일을 저지른 것 같네요. 제가 대신 사과드리겠습니다."

제 설명을 듣고 나더니 그 남자는 긴 한숨을 내쉬며 허탈한 표정을
지었습니다. 그가 털어놓은 사건의 전말은 이랬습니다.

"이 건물 5층 가정집에 제 여동생이 살고 있거든요. 그런데
몇 주 전부터 혼자 있는 저녁 시간이면 누가 출입문의 번호 키를

누르더랍니다. 동생이 문을 열고 내다보니까 한 남학생이 부리나케
아래층으로 도망치더라는 거예요. 이런 일이 반복되다 보니
제 여동생으로서는 학생을 스토커로 의심할 수밖에요.
겁도 나고 해서 경찰서에 신고도 하고 불편을 호소했는데도
학생이 나타나서 번호 키를 자꾸 눌러대니까 견디다 못한 동생이
결국 지방에 있는 저에게 도움을 요청했어요. 그래서 제가 오늘
올라왔는데 마침 학생이 또 온 겁니다."
그제야 우리 집에 온 경찰관의 언행과 모든 상황이 이해됐습니다.
당시 고2였던 우근이는 사춘기 행동이 최고조에 달해있었습니다.
틈만 나면 동네 가게를 놀아다니며 그곳의 화장실에 들어가
세면대에서 얼굴이나 몸을 씻고 변기에서 볼일을 보곤 했지요.
그날도 아빠와 함께 자주 다니던 기타 학원이 있는 건물에 와서
화장실을 놀이터 삼아 놀았던 겁니다. 그러다가 맨 위층까지 올라가
가정집의 출입문 번호 키를 누르고 줄행랑을 쳤던 거죠.
제 설명을 들은 남자는 스토커가 아니라는 게 밝혀져서 이제
안심이 된다고 했습니다. 그러면서 오히려 저에게 미안해했습니다.
우근이가 장애가 있는 줄 몰랐다고 하면서 말이지요. 순간 가슴이
벅차올랐습니다. '세상에는 참 따뜻한 사람이 많구나.'
자폐성 장애가 있는 막내 우근이 덕분에(?) 여러 사람들과 부대끼고
소통하면서 우리 주위에는 고마운 이웃이 참 많다는 걸 새삼
깨닫습니다.

우근이는 이렇게 해서 동네 유명 인사가 되었습니다. 어린 시절부터
혼자 동네를 돌아다닌 덕분에 우근이가 거리를 쏘다니면 이제는
이웃 주민들이 먼저 알아보고 한마디씩 건넵니다.

"엄마·아빠가 걱정하신다. 얼른 집에 들어가거라."

간혹 어르신들 중에 우근이의 언행을 낯설어하고 불편해하시는
분들이 계십니다. 그때마다 저와 아내는 우근이의 장애에 대해
차분하게 설명을 드리지요. 그러면 우리 부부에게 고생이 많겠다며
되려 위로를 해주십니다. 나중에는 어르신들이 먼저 우근이를
자연스럽게 대해주고 말을 건넵니다.

어떤 어르신들은 반가운 마음에 우근이의 손을 잡거나 악수를
청하고 어깨를 두드려 주려고 합니다. 그러면 우근이는 쭈뼛쭈뼛
하면서 피하지요. 이럴 때도 우리 부부가 나서서 우근이는 자폐성
장애가 있는데, 이 장애는 신체 접촉을 피하는 특성이 있다고
설명을 드린 후 양해를 구합니다.

가끔 우근이를 처음 본 이웃 주민이 경찰에 신고를 하는 경우가
있습니다. '장애가 있는 학생이 혼자 길거리를 배회하고 있다.'고
말이지요. 신고를 받으면 경찰이 출동해서 우근이에게 집이
어디냐고 묻습니다. 아무리 물어도 대답이 없으면 우근이를
치안센터로 데려가 주소나 전화번호를 쓰게 하지요. 집으로 연락이
오면 하는 수 없이 저나 아내가 가서 우근이를 데리고 옵니다.

이런 날은 경찰관들에게 우근이의 장애 특성에 대해 자세히 설명할 수 있는 절호의 기회가 되지요.

이런 일이 반복되다 보니 이제는 신고가 들어오면 경찰관들이 알아서 우근이를 순찰차에 태워 직접 집으로 데려다줍니다. 우리 동네와 이웃 동네에 있는 치안센터 경찰관들은 모두 우근이를 알고 있지요. 오죽하면 제가 동네를 오가다 종종 치안센터에 들러 근무하는 경찰관과 인사를 나누는 사이가 되었을까요.

지금까지의 이야기를 통해 이미 어느 정도 짐작하셨겠지만, 저는 우근이가 하려는 행동을 웬만해서는 제지하지 않습니다. 특별히 남에게 피해를 주거나 위험한 행동을 하는 게 아니라면 일단 그 행동을 하도록 해주고 상황을 지켜보면서 우근이 스스로 잘못을 깨달을 수 있는 기회를 갖게 해주려고 노력합니다.

우리 부부의 이런 태도가 마치 우근이를 방임하는 것처럼 보이고 때로는 주위 사람이나 학교 선생님들을 좀 힘들게 한다는 것도 잘 알고 있습니다. 사람을 깜짝 놀라게 하는 위험한 행동, 잊을 만하면 한 번씩 일어나는 실종 사건…. 당사자인 우리 부부도 이런 일을 수없이 겪으면서 참 많이 힘들었습니다.

하지만 그럴수록 부모 스스로가 '자식이 홀로 설 수 있다'는 믿음을 가져야 한다고 생각합니다. 저부터 우근이를 그런 믿음으로 대해야 주위에 있는 다른 분들도 우근이를 저와 같은 태도로 자연스럽게 대할 수 있지 않을까요?

장애인 부모의
양육 태도

주변에서 장애아를 둔 부모들을 만나보면 '다 내 탓이오.'
'내가 무슨 죄를 지었기에…' 하면서 한탄하는 분들이 많습니다.
아이의 장애가 마치 자신의 죄인 양 모든 게 자신의 업보라며
스스로를 탓하는 거지요. 그러다 보면 이 업보에서 벗어나기 위해
몸부림을 치게 마련입니다. 실제로 아이가 좋아질 수 있다는 믿음에
사로잡혀 치료에 매달리는 분도 많습니다. 아이의 장애를 평생
지니고 가야 하는 현실로 인정하지 못하는 것이지요.
부모 입장에서 아이의 장애를 있는 그대로 받아들인다는 게 말처럼
쉬운 일은 아닙니다. 우리 부부도 우근이의 장애를 받아들이기까지
갈등과 수많은 시행착오를 겪어야 했지요.

아이의 장애를 있는 그대로 받아들인다는 것

자폐성 장애가 있는 우근이는 사회성이 부족하고 상대방과
눈 맞춤을 잘 하지 못합니다. 의사표현이 서툴고 자기 생각을 언어로
표현하는 일도 거의 없지요. 하지만 말귀는 잘 알아듣습니다.
자폐 아이들 중에는 청력이 예민한 아이가 많은데, 우근이도 이
문제로 어려서부터 어려움을 많이 겪었습니다. 소리의 파장을
비장애인보다 아주 민감하게 받아들여서 풍선이나 폭죽 터지는

소리, 확성기에서 나오는 소리, 오토바이가 지나가는 소리를 들으면
기겁을 하며 귀를 막고 도망가곤 했습니다.

부모인 저도 처음에는 우근이가 보이는 이런 행동 특성 때문에
당황하고 난감해한 적이 많았습니다. 제 기준으로 우근이의 행동을
판단하고 지도하려고 들다 보니 자연히 잔소리가 많아질 수밖에
없었지요. 그러다 보면 우근이는 물론이고 저도 스트레스를 받기
일쑤였습니다.

이런 한계를 넘어서고 싶은 마음에 공부를 하기로 결심했습니다.
집에서 가까운 거리에 있는 S대학교 특수대학원에 진학해
사회복지학을 전공했습니다. 아는 만큼 보인다고 장애에 대해
체계적으로 배우고, 이 기회에 사회복지 전반에 대한 이해를
높여보자는 욕심도 있었지요.

공부를 하면서 장애인복지 및 행정 전문가 그리고 현장 전문가를
두루 만나면서 많은 간접 체험을 쌓았습니다. 또 봉사 활동에
참여하면서 장애인복지 현장의 민낯을 직접 들여다볼 기회도
가졌습니다. 이런 과정을 통해 저는 우근이를 대하는 저의 태도를
점검할 수 있었습니다. 우근이의 장애를 있는 그대로 받아들이는
훈련을 했던 것입니다.

우근이는 스무 살이 된 지금도 상대방과 눈 맞춤을 잘 하지
못하고 자기 생각을 언어로 표현하는 일도 거의 없습니다. 하지만
이제 아빠인 저에게 우근이의 이런 행동은 너무나 자연스럽게

느껴집니다. 그건 우근이의 개성이니까요.

한 해 한 해 성장하면서 우근이는 치과, 어두운 곳, 폭죽
소리, 강아지 짖는 소리, 확성기에서 나오는 소리에 천천히
적응해나갔습니다. 이제는 가끔씩 노래 가사를 흥얼거리거나
한두 마디 말로 의사표현을 해서 아빠를 깜짝 놀라게 하기도 합니다.
이럴 땐 저도 물개 박수를 치며 폭풍 칭찬을 해주곤 하지요.
장애는 비정상적인 게 아닙니다. 그저 우리와 조금 다른 것뿐이지요.
장애 아이들도 나름 자기만의 속도와 방식으로 성장 과제를
해결하면서 살아갑니다. 우근이도 시간이 좀 오래 걸리기는 하지만
여느 아이들과 마찬가지로 건강하고 아름다운 청년으로 쑥쑥
성장하고 있습니다.

작은 배려 큰 기쁨

저는 우근이를 뒷바라지하는 틈틈이 평소 해보고 싶던 활동에
도전하곤 했습니다. 그중에 하나가 아마추어 연극입니다.
서울시극단에서 운영하는 시민연극교실을 수료한 사람들이 〈무지개
연인들〉(이후 줄여서 무연)이라는 연극 동아리를 만들었는데, 거기에서
벌써 4년째 활동을 이어오고 있지요. 회원은 주로 삼사십 대 주부로,
제가 청일점입니다.
지난 해 겨울 〈무연〉 정기모임에 갔더니 단원들이 우근이에게
전해주라고 하면서 카드 한 장을 내밀더군요. 저를 포함해 세 명의

단원이 수능을 앞둔 고3 자녀를 두고 있어서 선물을 해준 것입니다.
우근이가 수능을 치르지 않는다는 사실을 〈무연〉 단원들도 잘 알고
있을 텐데 왜 굳이 선물을 했을까? 문득 궁금해서 물어봤습니다.
"우근이는 수능도 안 보는데 웬 선물이래요?"
"무슨 말씀이세요? 수능을 보고 안 보고가 중요한 게 아니라
고3이라는 사실, 그게 중요한 거죠."
그 한마디가 저를 감동시켰습니다.
집에 돌아와 자랑하니 아내도 깜짝 놀라는 눈치였습니다. 단원들이
선물한 카드에는 "우근아, 파이팅! 감기 조심해!! – 〈무연〉 이모들
일동" 이라고 적혀있더군요. 한동안 말 없이 카드를 들여다보던
아내가 이런 얘기를 하더군요.
"이 선물을 보니 몇 년 전 교회에서 있었던 일이 생각나네요."
우근이의 초등학교 졸업을 앞두고 교회에서 겪은 일이 생각난
모양이었습니다.
당시 아내는 교인이 스무 명도 채 안 되는 작은 교회를 다니고
있었습니다. 워낙 가족 같은 분위기라서 어쩌다 한 번씩 아내를 따라
나가는 저도 교인들과 서로 얼굴을 알고 지내는 사이였지요.
사건(?)이 있던 그날은 오후에 가족행사가 있어서 저와 우근이도
아내를 따라 교회에 갔습니다. 예배를 마치고 다 함께 약속 장소로
이동할 요량이었지요. 예배가 끝날 무렵 초등학교 졸업을 앞둔 교인
자녀들에게 축하해주는 시간이 이어졌습니다. 우근이 또래인

두 아이가 앞에 나가 중학생이 되는 소감을 밝히고, 그 부모와
다른 교인들은 축하 편지를 써와서 낭독해주었지요. 그 사이
우근이는 가끔씩 알 수 없는 소리를 내기도 하고, 중간중간
자리에서 일어나 주변을 왔다 갔다 했습니다. 그러자 목사님이
조용히 하라며 우근이에게 주의를 주더군요. 신경이 쓰인 아내는
그 행동을 자제시키려고 했지만, 우근이는 아랑곳하지 않고
계속 떠들어댔습니다.

입장이 곤란해진 아내가 제 옆구리를 쿡 찌르며 나가자고 하더군요.
하지만 저는 계속 자리를 지키고 앉아있었습니다. 결국 아내 혼자
밖으로 나가버리더군요.

저는 행사가 끝난 뒤에 졸업을 앞둔 아이들과 그 가족에게 다가가
축하 인사를 건넨 다음에야 우근이를 데리고 밖으로 나갔습니다.
그런데 분위기가 좀 이상했습니다. 교인 몇 명이 아내를 위로하고
있었고, 아내의 눈가에 이슬이 맺혀있었습니다. 무슨 일이냐고
물었더니 아내는 아무 일도 아니라고 하면서 애써 태연한 척하며
교회를 나섰습니다.

한참 뒤에야 마음이 조금 진정되었는지 아내가 한마디 건네더군요.

"당신은 아까 서운하지 않았어요?"

"뭐가요?"

"우근이도 똑같이 초등학교를 졸업하고 중학교에 올라가는데
아무한테도 축하를 못 받았잖아요."

"듣고 보니 그러네. 왜 우근이한테는 졸업 축하를 안 해줬지?"

"사실은 며칠 전에 목사 사모님이 전화를 주셨어요. 중학교에 입학하는 아이들이 소감을 발표하게 하고 가족과 교인들이 격려해주는 시간을 가질 예정이라고요. 우근이는 어떻게 하겠느냐고 물으셔서 제가 우근이는 글을 쓰고 발표하는 게 어렵다고 말했어요."

"그럼 서운해할 일이 아니잖아요."

"그땐 대수롭지 않게 여겼죠. 그런데 막상 다른 아이들은 소감도 발표하고 축하도 받는데, 우근이는 조용히 하라고 제재를 받는 입장이 되고 보니 마음이 아프더라고요. 우근이도 저렇게 축하를 받으면 얼마나 좋을까? 우근이도 할 수 있는 만큼 참여하게 했더라면 좋았을 텐데…. 뒤늦게 후회가 되면서 마음이 심란하더라고요. 그런데 당신은 서운하지 않다니 참 무심하네요."

저라고 왜 서운하지 않았겠습니까. 다만 그 이유가 아내와 조금 달랐을 뿐이지요.

여러 사람이 모여 예배 드리는 상황에서 우근이의 행동이 신경 쓰일 수 있다는 건 잘 압니다. 하지만 그건 우근이가 지닌 장애 특성상 자연스럽게 나오는 행동이지요. 물론 우근이의 장애 특성에 대해 잘 모르는 분들은 그런 상황에 어떻게 대처해야 할지 몰라 난감해하는 경우가 많습니다. 그래도 자주 접하다 보면 이런 경험이 우근이의 장애 특성을 이해할 수 있는 좋은 기회가 됩니다. '문제'가 아니라 '개성'이라고 여기고 지켜보면 처음에는 좀 신경이 쓰이겠지만

시간이 지나면 자연스럽게 받아들여집니다. 우근이도 한두 번
그러다가 눈치껏 자리에 앉습니다. 교회에서 아내가 먼저 자리를
뜨자고 했을 때 제가 애써 태연한 척하며 자리를 지켰던 건 바로
이런 이유 때문이었습니다.

내가 꿈꾸는 세상

제 머리 속에 도장처럼 각인된 장면이 하나 있습니다. 언젠가
지하철을 타고 우근이와 함께 집으로 돌아오는 길에 제 눈길을 끄는
엄마와 아들이 있었습니다. 그날따라 전철 안이 한가해서 더 눈길이
갔는지도 모르겠습니다. 그 엄마 옆에는 지적장애로 보이는 이십
대 청년이 나란히 앉아있었습니다. 청년은 엄마의 얼굴을 바라보고
엄마의 목을 껴안기도 하고 손을 잡고 흔들기도 하면서 쉬지 않고
장난을 쳤습니다. 좌석 위로 올라가 무릎 꿇은 자세로 돌아앉아
바깥 풍경을 바라보다가 엄마에게 말을 걸기도 하면서 쉴 새 없이
엄마를 괴롭(?)혔지요.
저를 놀라게 한 건 그 엄마의 태도였습니다. 시종일관 평정심을 잃지
않고 온화한 얼굴로 아들의 장난을 받아주더군요. 적절한 말과
행동으로 대꾸도 해줘가면서 말이지요. 아들을 너무나도 자연스럽게
대하는 그 당당한 태도에 감동이라도 한 걸까요? 그 장면을
지켜보는 다른 승객들도 딱히 불편해하는 기색이 없었습니다.
다들 그 상황을 너무나 자연스럽게 받아들이는 분위기였지요.

저에게도 그 청년이 하는 말이나 행동이 소란이나 소음으로
느껴지지 않았습니다.

아마도 다른 장애아 부모였다면 똑같은 상황에서 안절부절못하며
자녀를 단속했을 겁니다. 여러 사람이 이용하는 공공장소에서
아이가 행여 다른 승객에게 피해를 줄까 봐 노심초사하면서 말이죠.
저도 우근이와 전철을 탈 때면 신경을 곤두세웁니다. 우근이가
빈자리에 털썩 주저앉아 큰 소리를 내면 주의를 주면서 제지를 하곤
하지요. 그때마다 우근이의 행동을 어디까지 통제하고 어디까지
허용해야 할지 솔직히 고민이 됩니다.

그런데 그 엄마는 아들의 행동을 마치 물과 공기처럼 자연스럽게
대했습니다. 웃음을 잃지 않고 아들이 하는 몸짓과 언어를
다 받아주면서도 짜증 한 번 내지 않는 그 엄마의 태도가
존경스럽기까지 했습니다. 지하철 안의 다른 승객들도 하나같이
아무 일 없다는 듯 조용히 자리를 지켰습니다.

공공장소에서 공중도덕을 지켜야 하는 건 장애인도 예외는
아닙니다. 그러나 장애가 있는 아이들은 공중도덕에 대한 인식이나
기준이 비장애인과 다를 수밖에 없지요. 이 아이들이 하는 말과
행동은 어디까지나 그들만의 방식으로 개성과 색깔을 표현하는
것입니다. 우리와 조금 다를 뿐, 잘못된 행동이거나 나쁜 행동이
결코 아닙니다. 그런데도 공중도덕에 어긋난다는 이유로 장애아의
행동을 무조건 제지하는 게 과연 옳은 일일까요?

이런 점에서 장애아 부모 스스로도 자신의 모습을 돌아볼 필요가 있습니다. 아이는 그저 자신이 지닌 장애 특성을 드러내는 것일 뿐인데, 그 누구보다도 부모 자신이 먼저 남의 시선을 의식하여 스스로 위축되고 아이의 행동을 제지하고 있는 것은 아닌가 하고 말입니다. 물론 남에게 직접 피해를 주는 행동은 하지 못하도록 적절하게 지도해야 합니다. 그러나 딱히 그런 경우가 아니라면 장애가 있는 아이가 보이는 말과 행동을 그들만의 개성으로 인정해주는 태도가 필요하지 않을까요?

님비 현상
유감

'인간은 사회적 동물'이라고 합니다. 장애인이든 비장애인이든 인간은 혼자서 살아갈 수 없다는 뜻이지요. 또 '사람'을 가리키는 한자 인(人)에는 '사람과 사람이 만나(人) 하나가 되면(一) 커지고(大), 갈라서면(丨) 작아진다(小)'는 의미가 담겨있다고 합니다. 한데 요즘 들어 더불어 살아야 하는 인간의 본성을 무색하게 하는 뉴스를 자주 접하게 됩니다. 바로 특수학교 설립을 둘러싼 논란입니다.

장애인은 위험하다?

서울시교육청에서 강서구 G초등학교에 특수학교를 설립하려는
계획에 인근 주민들이 거세게 반발하여 사회적 논란이 된 일을
기억하실 겁니다. 당시 반대 이유는 특수학교가 들어서면 지역
발전에 저해가 되고 집값이 하락한다는 것이었습니다.
제가 사는 지역에서도 어느 중학교 빈 건물에 발달장애인을 위한
직업훈련센터를 세우려는 계획이 거센 반대에 부딪혔지요.
그 중학교 학부모들은 한 술 더 떠서 자신의 자녀가 성인
발달장애인에게 노출되어 피해를 당할 수 있다고 주장하기까지
했습니다. 그분들 눈에는 장애인이 위험한 존재인 것이지요. 급기야
장애아 부모들이 지역 주민과 그 학교 학부모들 앞에서 무릎을 꿇는
웃지 못 할 장면이 연출되기까지 했습니다.
우여곡절 끝에 발달장애인을 위한 직업훈련센터가 문을 열기는
했습니다. 대신 센터 출입구를 중학교 교문과 분리해서 만들어야
했지요. 센터에 다니는 장애인이 중학교 학생들에게 위험한 존재가
될 수 있다는 학부모들의 요구를 반영한 결과였습니다. 여론에
떠밀려 센터의 건립은 수용했지만 자신의 자녀가 장애인과 어울리는
것만은 피하려고 한 것이지요. 그러다 보니 중학교 교정 안에 들어선
발달장애인 직업훈련센터는 또 하나의 분리된 섬처럼 보입니다.
서울시교육청에서는 관할 지역 내 모든 학교에 있는 비어있는
건물이나 부지를 이용하여 특수학교를 계속 설립할 계획이라고 하니

앞으로도 이 같은 일이 계속 이어질 게 불 보듯 분명합니다.

사실 이러한 님비현상이 어제 오늘만의 일은 아닙니다.

매번 반대하는 논리도 똑같습니다. 특수학교가 들어서면 집값이
떨어지고 지역 분위기가 나빠진다는 것이지요.

하지만 그런 일이 실제로 일어난 예는 거의 없습니다. 강남 지역
주민의 거센 반대 끝에 들어선 밀알학교가 이 사실을 증명합니다.
그밖에 특수학교가 들어선 다른 지역도 예외가 아닙니다. 그런데 왜
우리 사회에는 이 같은 님비현상이 여전한 것일까요?

함께 키우는 장애 인권 감수성

여러 가지 이유를 들 수가 있겠지만, 저는 무엇보다도 우리 사회의
장애 인권 감수성이 낮은 데 그 원인이 있다고 생각합니다. 인간은
천부적 권리를 지니고 있으며, 이는 장애인도 예외가 아닙니다.
장애는 인간이 지닌 하나의 특성일 뿐이지요. 그러므로 사회는
장애를 있는 그대로 수용할 수 있어야 하며, 그런 만큼 한 사회의
구성원들이 장애 인권 감수성을 얼마나 갖추느냐는 아주 중요한
문제가 될 수밖에 없습니다.

1960년대 미국에서 흑인과 여성의 권리를 주장하는
인권운동이 들불처럼 일어난 후, 전 세계적으로 인간은 누구나
정치적·법률적으로 평등하다는 인식이 보편화됐습니다.
장애도 한 개인이 스스로 극복해야 하는 문제의 차원이 아니라

인권이라는 관점에서 이해하고 접근해야 한다는 인식이 생겨났지요.
하지만 우리 사회는 전 세계적인 인권 운동의 흐름에서 너무나
뒤처져 있습니다. 만약 우리 사회가 장애 인권에 대한 인식이
성숙했더라면 특수학교 설립을 둘러싸고 지금과 같은 논란이
벌어지지는 않았을 테지요.

어떻게 해야 우리 사회의 장애 인권 감수성을 높일 수 있을까요?
장애 인권 감수성은 거저 주어지는 것이 아닙니다. 우리 주변을
돌아보면, 일상생활에서 장애인을 대해본 경험이 적은 사람일수록
장애인을 별종, 즉 자신과 다른 존재라고 여기는 경향이 강하다는 걸
알게 됩니다. 이것은 곧 살아온 환경과 교육이 장애 인권 감수성을
키우는 데 결정적인 영향을 끼친다는 것을 의미하지요. 어려서부터
일상에서 장애인을 자연스럽게 접하고 함께 어울리며 성장해야
장애 인권 감수성도 풍부해지는 것입니다.

몇 년 전 지방에 있는 처갓집에 갔을 때의 일입니다.
온 가족이 모여 식사하는 자리에 처음 보는 사십 대 남자 한 분이
오셨습니다. 장인어른이 소개하시기를, 그분은 처갓집에서 그리
멀지 않은 곳에 있는 H공동체에 살고 있는 장애인으로, 얼마 전부터
처갓집에 자주 놀러 온다고 하시더군요. 자신과 가까운 이웃이니
서로 인사를 나누라고 하셔서 식구들은 어색해하면서도 그분과
인사를 나누고 함께 식사를 했습니다.

나중에 장모님께 여쭤보니, 그분은 하루가 멀다 하고 처갓집에

온다고 하시더군요. 장모님 입장에서는 그게 가끔 불편할 때도
있는데, 장인어른이 워낙 그분을 환대해주셔서 어쩔 수 없다고
하셨습니다.

그분은 장인어른이 없는 날에도 처갓집에 들러서 커피 한 잔을
마시고 텔레비전을 보다가 자신이 사는 공동체로 돌아가곤
한답니다. 장모님도 이제는 그분이 하루라도 안 오면 어디가
아프거나 무슨 일이 생긴 건 아닌지 걱정이 된다고 하시더군요.
그렇게 몇 년이 흐르면서 이제는 처갓집 형제자매나 식구들도,
그리고 저도 그분을 자연스럽게 대합니다. 그동안 집안 행사로
가족이 한자리에 모일 때마다 그분도 항상 함께해왔기 때문이지요.
오히려 처가 식구들이 개인적인 사정으로 모임에 못 오는 경우는
있었어도 그분이 빠지는 일은 없었으니까요. 무엇보다 장인·장모님이
그분을 너무나도 자연스럽게 환대해주셔서 우리도 그분을 거부감
없이 받아들이게 된 겁니다.

우리 아이들도 이처럼 어려서부터 장애인과 스스럼없이 어울리고
함께 생활하며 자랄 수 있어야 합니다. 그래야 나중에 어른이 된
후에도 장애인을 자신과 똑같은 존재로 받아들일 수 있습니다.
다행히 아이들은 장애인을 차별 없이 대하는 편입니다.
누군가가 장애가 있다고 해서 그 사람을 위험한 존재로 여기거나
피하지 않습니다. 오히려 아이들에게 장애인에 대한 잘못된 인식을
심어주는 건 우리 어른과 사회가 아닐까요?

누구나 다니는 학교

한편으로 장애아 부모와 전문가들도 스스로에게 이런 질문을
던져봐야 합니다. '장애인 스스로는 비장애인과 어울려 함께
성장하고 교육받으며 살아가기 위해서 얼마나 노력하고 있는가?'
한 가지 예를 들어보겠습니다. 그동안 우근이를 뒷바라지하면서
늘 안타까웠던 점이 있었습니다. 일반 학교에서는 발달장애가 있는
학생 말고는 다른 장애를 지닌 학생을 좀처럼 만나볼 수가 없다는
것입니다. 유치원과 초등학교까지는 몰라도 중등학교부터는
장애 자녀를 일반 학교에 있는 특수학급에 보내기보다 아예
특수학교로 진학시키기를 희망하는 부모님들이 많기 때문입니다.
부모 입장에서야 자녀가 좀 더 좋은 환경에서 배우고 관심과
사랑을 받으며 생활하기를 바라는 게 당연합니다. 하지만 그 결과
어떤 상황이 벌어지는가도 돌아봐야 합니다. 장애 자녀를 위한다고
하는 선택이 결과적으로는 장애인 스스로가 비장애인과 어울려
함께 성장하고 교육받을 기회를 포기하는 것일 수도 있으니까요.
학교 현장에서 장애 자녀가 당연히 누려야 할 권리를 당당하게
요구하기보다 장애인이 환대받지 못하는 현실을 회피하려고만
한다면 통합교육이 실현되는 날은 어쩌면 영영 오지 않을 수도
있습니다. 물론 특수학교 설립 반대 시위에서 보듯이, 우리 사회에는
여전히 장애인에 대한 뿌리 깊은 차별이 존재합니다. 장애 학생이
교육권을 침해받는 일도 수없이 벌어지고 있지요.

아무리 그렇다고 해도 계속 피해갈 수만은 없다는 게 제 생각입니다.
속도가 좀 더디더라도 통합교육 현장에서 잘못된 인식과 관행을
바꾸려고 노력하는 것이 좀 더 나은 미래를 만드는 길이라고
저는 믿습니다.

물론 장애아들 중에는 특수한 보살핌을 받아야 하는 아이도
있습니다. 장애 학생이 일반 학교에서 비장애 학생들과 부대끼며
생활하는 것도 결코 쉽지 않습니다. 그래도 시도는 해봤으면 하는
게 제 생각입니다. 우리 아이들이 학령기를 지나 사회로 나갔을 때
장애인끼리만 모여서 살아가게 할 수는 없기 때문이지요.

그런 점에서 장애 학생들이 어릴 때부터 학교에서 비장애 학생과
부대끼고 함께 생활해보는 경험을 하는 건 아주 중요한 일입니다.
제 주위에 있는 장애 학생들 중에는 중·고등학교를 특수학교로
진학했다가 나중에 다시 일반 학교로 돌아오는 학생들이 꽤
있습니다. 그 학생들의 부모는 자신의 자녀가 특수학교에서 오히려
퇴보하는 느낌을 받았다고 이야기합니다. 장애 학생을 보다 세심하게
보살펴주고 보다 많은 사랑과 관심을 기울여준다는 점에서 확실히
특수학교가 장점이 있기는 합니다. 하지만 일반 학교에서처럼
장애 학생들이 또래 집단 안에서 함께 배우며 성장하는 기회까지
제공해줄 수는 없다는 아쉬움이 있지요.

제 경우에는 우근이를 초등학교부터 고등학교까지 일반 학교에
진학시켰습니다. 우근이가 초등학교에 들어간 뒤로 비장애인과

함께하는 방과후 활동 프로그램에 참여하게 했고, 각종 캠프와
현장 체험 활동에도 빠지지 않고 다니게 했습니다. 동네에서는
피아노 학원과 수영장을 다니게 했고, 놀이터와 거리에서도 자전거를
열심히 배우고 타게 했습니다. 왜냐하면 교실이나 치료실 같은
제한된 공간이 아니라 열린 공간에서 사람들과 함께하는 기회를
최대한 늘려주는 것이야말로 우근이를 위한 진정한 교육이고
훈련이라고 생각했기 때문입니다.

저는 또한 우근이가 가능한 한 많은 또래와 이웃을 만나는 것이
비장애 학생의 입장에서도 도움이 된다고 봤습니다. 우근이와 같은
장애 학생과 함께 지내다 보면 서로가 어울리는 법을 배우는 것은
물론이고, 장애 학생이 무엇이 부족하고 무엇이 필요한지를 빨리
알아채고 요령껏 도와줄 수 있는 기회를 갖게 될 테니까요.

더 나아가 장애가 있는 친구들이 기쁨을 주고 세상을 아름답게 하는
존재라는 걸 깨닫게 될 수도 있습니다.

일반 중·고등학교에 휠체어를 타고 등·하교 하는 학생,
안내견의 도움을 받으며 공부하는 시각장애인 학생,
수화 지원을 받으며 수업하는 청각장애인 학생,
학습능력이 부족한 발달장애인 학생이 한 교실에서 함께
수업을 받고 서로 깔깔대며 웃을 수 있는 날이 하루빨리 오기를
기대해봅니다. 우근이처럼 의사소통이 힘들고 사회성이 떨어지면
어떤가요? 지적 능력이 낮아 학습에 흥미가 없으면 어떤가요?

누구나 어울려 생활할 수 있는 교실에서라면 장애 학생의 존재가
물과 공기처럼 받아들여지겠지요. 낯설고 불편했던 장애 학생의
행동이 자연스럽게 느껴지기 시작할 겁니다.
당연히 장애 인권 감수성도 저절로 풍부해질 수밖에 없을 겁니다.
차이가 차별이 되지 않고 누구나 다니는 학교는 누가 거저
만들어주지 않습니다. 나부터 도전하고 만들어가기 시작할 때
결국 학교도 서서히 열리고 바뀌어나간다고 저는 믿습니다.

케케 아저씨

오기가미 나오코 감독은 영화 〈카모메 식당〉으로 널리 알려진
일본 영화감독입니다. 이 감독의 첫 장편영화 데뷔작은 〈요시노
이발관〉입니다. 이 영화는 한적한 시골 마을 소년들이 성장하면서
겪는 일상을 잔잔하면서도 감동적으로 보여줍니다. 보수적인 마을
어른들과 그 마을에 대대로 내려오는 전통(바가지 머리)에 순응하며
살아가는 순진한 아이들 속에 이 마을에 사는 정신장애를 가진 성인
장애인 '케케 아저씨'도 등장하지요.
어느 날 이 마을에 노랑머리를 한 남학생(사카가미)이 전학을
오면서 이야기는 갈등 속으로 빠져듭니다. 마을 이발사 요시노의
아들(게이타)과 그 친구들은 전학생인 사카가미와 처음에는 갈등을
빚다가 차차 가까워지면서 서로 친구가 됩니다. 아이들은 마을의
오랜 전통인 바가지 머리를 거부하는 반항을 함께하게 되지요.

그 과정에서 게이타와 사카가미가 동네를 돌아다니는 케케 아저씨를

보고 장난을 걸다가 혼비백산하여 도망치는 장면이 나옵니다.

어린 시절 한동네에서 정신장애인과 함께 자란 경험이 있는

저에게는 너무나 자연스럽고 익숙한 장면이었지요.

케케 아저씨는 머리도 기르고 복장도 자유롭습니다. 전통이 전설이

되어버린 마을에서 파격적인 모습을 하고 동네를 활보합니다.

마을의 이단아이자 전통에 균열을 내는 유일한 존재이지요.

소년들의 눈에는 그런 케케 아저씨의 모습이 전혀 낯설지 않습니다.

물과 공기 같은 존재로 받아들이고 있었던 거지요.

영화 〈요시노 이발관〉에 등장하는 장애인 케케 아저씨는

이 이야기에서 단순히 지나가는 인물이 아닙니다. 나오코 감독이

많은 상징성을 부여한 인물이죠. 영화가 보여주는 이야기 전반에

정신장애인 케케 아저씨는 자연스럽게 녹아들어 있습니다. 이는

감독이 장애인을 늘 우리 곁에 머무는 존재로 인식하고 수용한

결과일 겁니다. 장애와 더불어 산다는 건 바로 이런 모습이

아닐까요?

어떤 사람은 장애 등록을 '주홍글씨'에 비유합니다.
그게 낙인이 되어 아이를 평생 따라다니며 아이가 살아갈
앞날에 피해를 줄 거라고 생각합니다.
만약 누군가 우근이의 장애 등록을 '주홍글씨'라고
말한다면, 그건 장애인이라는 사실을 부끄럽게 만드는
낙인이 아니라 당당하게 자기 정체성을 드러내는
선언이라고 말하고 싶습니다. 저는
우근이의 장애등록증이 조금도 부끄럽지
않습니다. "나는 자폐성 장애가 있는 사람이고,
이런 삶을 당당하게 살아갈 거야."라는
우근이의 자기 선언이라고 생각하니까요.

1장

또 다른
세상을
만나다

장애 진단과
치료교육

장애 가족이
되다

"아드님은 심한 정신지체입니다. 이제야 오시면 어떡합니까? 알만한
분들이 …."

연구소 선생님이 우리 부부에게 핀잔을 주듯 단호하게 한마디 했습
니다. K아기발달연구소를 찾아가 우리 부부가 처음으로 네 살이 된
막내아들 우근이에 대한 검사를 받은 날이었습니다. 두 시간 가까이
진행한 검사 결과를 듣는 자리에서 청천벽력 같은 말을 들은 거지요.

아내는 얼굴을 감싸 쥐며 그 자리에 주저앉았습니다. 우근이는 연
구소 한쪽에 있는 장난감과 놀이 기구 사이에 태연히 앉아있더군요.
저도 순간 눈앞이 캄캄했지만 일단은 침착을 유지해야 했습니다.

가까스로 마음을 추스린 저는 우근이를 불러 앞세우고 아내를 부
축하여 겨우 차에 태운 뒤 집으로 돌아왔습니다.

아내의 휴직

우근이는 네 살이 되도록 도무지 말(자발어)이 없었습니다. 그 흔한 '엄마·아빠' 소리조차 하지 않았으니까요. 그래도 말귀는 잘 알아들어서 '언젠가 말이 터지겠지.' '좀 늦되는 놈이겠지.' 하면서 주위 분들의 걱정을 한 귀로 듣고 한 귀로 흘렸습니다. 그런데 알고 보니 막내 우근에게 장애가 있었던 겁니다.

아내는 충격을 이기지 못하고 며칠 동안 식음을 전폐하다시피 하더니 곧바로 휴직을 했습니다. 당장 우근이의 장애를 치료한다는 목적으로 여기저기 수소문하여 제일 좋다는 치료실을 소개받아 다녔습니다. 여태껏 운전면허도 없이 살던 사람이 지체 없이 면허를 따더니 용감하게 차로 왕복 두 시간씩 걸리는 치료실을 다니기 시작하더군요.

그런 아내를 저는 곁에서 그저 지켜보는 수밖에 없었습니다. 당시 우리 부부는 어머니를 모시고 삼 형제를 키우며 맞벌이를 하고 있었습니다. 둘이 벌어 빠듯하게 살림을 꾸려가던 차에 아내가 덜컥 휴직을 했으니 제 어깨가 더욱 무겁게 느껴졌습니다.

저는 아내 몫까지 해야겠다는 각오로 회사 일에 매진했습니다. 하지만 작심하고 달려든 회사 업무에 진전은 없고 스트레스만 쌓여갔습니다. 열심히 하려고 발버둥 칠수록 더욱 수렁에 빠져드는 느낌이었죠. 지금 생각하면 그럴 수밖에 없었다는 생각이 듭니다. 막내가 장애 진단을 받기 전부터 저는 심한 슬럼프에 빠져있었거든요. 당시 제 상태

를 아는 동료 사장이 저에게 탈진증후군(burnout syndrome)에다 우울증
까지 왔다고 할 정도였으니까요.

 **부부관계마저
악화되다** 아내는 아내대로 우근이를 치료실에 데
리고 다니면서 너무 힘들어했습니다. 입이
까다로운 우근이는 음식을 가려 먹느라 밥 먹는 데 시간이 아주 오
래 걸렸습니다. 게다가 치료실에서 하는 수업이 마음에 들지 않는지 엄
마와 함께 집을 나서는 걸 내켜 하지 않았습니다. 덩치 큰 우근이와
매일 씨름해야 하는 아내로서는 스트레스가 이만저만이 아니었지요.

제가 회사 일로 파김치가 되어 집에 돌아오면 아내는 지쳐 침대에
쓰러져 있었습니다. 예전 같으면 그날 하루 직장에서 받은 스트레스를
집에서 깨끗이 풀고 나갔는데 이제는 그게 불가능했습니다. 우근이
일로 아내와 의견을 나누다 보면 위로받기는 커녕 서로 다투기 일쑤였
지요. 그토록 사랑스럽던 아내는 매일 눈물을 쏟아내며 밤을 지새웠
습니다. 우리 부부에게 혹독한 시련의 시간이었습니다.

아내가 휴직한 지 일 년이 지나도 상황은 나아지지 않았습니다. 저
역시 제2의 도약을 이루겠다는 일념으로 회사 일에 매달렸지만 뭐 하
나 되는 일이 없었습니다. 그야말로 진퇴양난이었습니다.

고민에 고민을 거듭하다가 안식년이라고 생각하고 무조건 회사를
일 년 쉬기로 결심했습니다. 일단 쉬면서 저 자신을 위해 그 시간을 온

전히 투자해보기로 했지요. 회사에 출근하는 날을 줄이면서 안식년에 대비해 아내와 이런저런 계획을 의논했습니다. 그러던 어느 날, 저를 지켜보던 아내가 조심스레 한 가지 제안을 하더군요. 잠시 일상을 벗어나 명상수련 프로그램에 다녀오는 게 어떻겠느냐고요. 저는 두말없이 그러겠다고 했습니다. 지푸라기라도 잡고 싶은 심정이었으니까요.

닷새 간 진행된 명상수련 프로그램에서 저는 모든 일상과 업무에서 벗어나 저 자신을 돌아볼 수 있었습니다. 프로그램 마지막 날, 안내자 선생님이 하신 말씀이 저의 뇌리에 꽂혔습니다.

"당신이 가장 힘들어하는 상황을 회피하지 말고 대면하세요."

이 한 마디가 저를 깨어나게 했습니다. 솔직히 회사 일에 매달릴 때는 우근이의 장애 진단이 크게 다가오지 않았습니다. 아내가 휴직까지 해가며 우근이를 돌보는 마당에 제가 시시콜콜 나설 이유가 없다고 생각했지요. 우근이의 장애는 그저 아내가 감당해야 할 부분이라고 치부하고, 제가 힘들어하는 원인을 회사 업무와 관련된 피로감 때문이라고 핑계를 대고 있었던 겁니다. 그런 저에게 그날 안내자 선생님이 해준 말씀은 이렇게 들리더군요.

"당신만을 위한 충전의 시간을 갖기 전에 막내아들과 함께할 수 있는 시간을 가져보는 게 어때세요?"

이 말은 곧, 고통의 원인을 더 이상 외면하지 말고 지금 제 곁에 있는 우근이부터 보듬으라는 소리였지요. 그제서야 우근이의 장애가 현실의 문제로 다가왔습니다.

**주부 선언,
우근이 지원을
전담하다**

"앞으로 일 년간 내가 우근이를 돌보며
지원할테니까 당신은 이제 좀 쉬어요. "

명상수련을 다녀온 후 저는 아내에게 이렇게 제안했습니다. 그때부터 우근이의 뒷바라지와 주부 역할을 하기 시작했지요.

아내 대신 우근이와 함께 시간을 보내다 보니 그동안 왜 그토록 아내가 힘들어했는지 이유를 알 것 같더군요. 아내는 우근이가 말문이 터지기를 학수고대했습니다. 치료실을 열심히 순례할 뿐만 아니라 집에 돌아와서도 우근이를 채근하며 '말하기 공부'를 끊임없이 복습시켰습니다. 집안 곳곳을 언어학습 교재로 채우다시피 했지요.

하지만 저는 치료실에 다니는 일을 놀이로 접근했습니다. 우근이가 싫어하는 기색을 보이면 아내와 달리 치료실에 가는 대신 산책이나 운동을 했습니다. 틈만 나면 함께 야외활동을 즐겼더니 저도 즐겁고 우근이도 얼굴이 환해지더군요.

저는 또한 우근이가 하는 치료실 공부에 미주알고주알 참견하지 않았습니다. 선생님을 전문가로서 충분히 존중해드리고 싶었습니다. 무엇보다도 우근이가 선생님과 한 시간을 즐겁게 보내고 나오면 그게 최고라고 생각했지요. 자연히 우근이와 선생님과의 관계가 좋아질 수밖에 없었습니다.

저와 우근이가 안정을 찾아가면서 부부관계도 회복됐습니다. 내친김에 안식년을 연장하기로 결심하고 아내에게 다시 제안했습니다.

"우근이는 내가 지원할 테니 당신은 복직하는 게 좋겠어요."

그동안 해보니 아빠인 제가 우근이를 지원하는 게 여러 가지로 장점이 있었습니다. 우선 활동적인 성격인 우근이와 호흡을 맞추기가 쉬웠습니다. 운동이나 산책을 하러 가자고 하면 우근이는 하던 일도 멈추고 벌떡 일어났습니다. 둘이서 운동을 하고 나면 마음이 뿌듯했습니다. 건강도 챙기고 아들과 시간도 보내고 그야말로 일석이조였지요.

3년간 안식년을 가진 끝에 저는 운영하던 회사를 선임직원에게 양도하기로 결심했습니다. 아내가 묻더군요.

"앞으로 우리 식구 생계는 어떡할 거예요?"

"적으면 적은 대로 살아가야죠."

"내 월급으로 아들 셋을 키우고 어머니까지 모실 수 있을까요?"

"당신 걱정은 충분히 이해해요. 하지만 어차피 우리 둘 중에 누군가는 아이들 뒷바라지와 집안일을 해야 하잖아요. 그동안은 어머니가 우리를 대신해주셨지만 언제까지 그럴 수도 없는 노릇이고요. 대신 또 다른 삶의 행복과 기쁨을 얻을 수 있으니 그걸로 만족합시다."

"당신은 참 낙관적이네요."

"세상 이치가 그렇잖아요. 하나를 비워야 하나가 채워지는 법."

"…."

아내도 결국 수긍하는 눈치였습니다. 이렇게 해서 저는 한때 유행했던 말로 '사오정'(45(사십오)세가 정년이라는 뜻의 신조어)이자 '주부(主夫)' 아빠가 되었습니다.

장애 진단
그리고 장애 등록

우근이가 장애 진단을 받던 당시만 해도 우리나라에는 자폐성 장애에 관한 전문가나 전문 기관이 드물었습니다. 검사받는 의료 기관마다 진단명이 다 달랐고, 유명하다는 대학병원 소아정신과 의사들조차도 "자폐 증상이 의심된다." "좀 더 지켜보자."라고 애매하게 말할 뿐 명확하게 진단을 내리지 않았습니다.

답답한 건 부모였지요. 좀 더 정확한 진단을 받으려면 어쩔 수 없이 애타게 발품을 팔아야 했습니다. 여기저기 병원을 순례하고 특수교육 기관이나 복지관을 찾아가 각종 검사를 받아보는 게 다반사였지요.

우리 부부도 예외가 아니었습니다. 처음 K아기발달연구소에서 충격적인 검사 결과를 접한 그날부터 긴 여정이 시작됐습니다. 혹시라도 진단이 잘못 내려졌을지 모른다는 실낱 같은 희망을 찾는 여정이었지요.

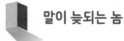 **말이 늦되는 놈**

우근이가 두 살, 세 살이 되도록 우리 부부는 특이한 징후를 거의 느끼지 못했습니다. 반응이 느리고 말이 너무 없다는 생각은 했지만 그저 '늦되는 놈'이려니 하며 크게 걱정하지 않았지요. 가끔씩 아내가 "우근이가 말이 너무 늦는 건 아닐까요?"라고 한마디 했지만, 그때마다 어머니가 나서서 단호히 말씀하셨습니다.

"원래 사내놈은 말이 늦게 트이는 법이다."

하루는 지방에서 초등 특수교사로 일하는 큰 처형이 우리 집을 방문했습니다.

"우근아, 우근아."

큰 처형이 아무리 불러도 우근이는 들은 척도 하지 않고 뒤를 돌아보지도 않았습니다.

"언니, 우근이는 불러도 대답을 안 해. 면벽 수도승처럼 만날 벽만 봐. 웃을 때도 크게 안 웃고 살포시 미소만 머금는다니까."

"우근이가 언제부터 그랬니?"

"모르겠어. 둘째도 말이 늦었는데 생후 24개월이 되니까 말이 트이더라고. 그래서 우근이도 30개월 안에는 말문이 트이겠거니 했는데 아직까지 말을 안 하네. 대답도 없고. 요즘은 좀 걱정이 돼."

"이런 말 하기는 뭣하지만 아무래도 뭔가 문제가 있는 거 같아. 애가 눈 맞춤도 안 되잖아. 소아정신과에 가서 검사를 한 번 받아봐."

문제? 진단? 막연하던 불안감이 형체를 갖추고 먹구름처럼 밀려왔습니다. 그날 저녁, 아내는 인터넷을 검색하고 관련 자료를 뒤지기 시작했습니다. '자폐증 아이는 언어 발달이 늦고 사회성이 떨어지며 특히 눈 맞춤이 안 되고 과잉행동이 있으며 ⋯.' 그러고 보니 우근이가 보이는 행동이 전형적인 자폐 증세였습니다.

"설마 그럴 리가 없어 ⋯."

우리는 서로 마주 보며 고개를 저었습니다. 처형이 소개해준 S소아 정신과 홈페이지를 뒤져보니 '발달성 언어장애'라는 진단명이 나와있더군요. 모골이 송연해졌습니다.

다음날, 아내가 병원 이곳저곳에 문의했지만 수 주 또는 수개월 뒤에나 진단을 받을 수 있다는 답변만 돌아왔습니다. 발만 동동 구르던 차에 저의 회사 직원이 아기발달 전문가를 소개해주어 급한 마음에 그분이 운영하는 연구소에서 발달검사를 받아보기로 했습니다.

 가혹한 진단

"이 아이는 심한 정신지체입니다."

"언어장애가 아니고 정신지체라고요?"

"네, 단순한 언어장애가 아니에요."

K아기발달연구소 선생님은 우근이를 검사한 뒤 '정신지체'(당시는 '발달장애'라는 용어를 사용하기 전이었습니다.)라고 결론 내렸습니다. 신체 기능과 언어 기능이 발달 단계보다 많이 느리다는 설명이었습니다.

"그럴 리가요? 그동안 우리가 너무 무심했나 봐요. 지금부터라도 조금씩 가르치면 좋아지지 않을까요?"

"공부로 밥 벌어먹고 살 수 없는 아이입니다. 희망을 버리세요."

"그럼 이 아이는 어떡하나요? 엄마·아빠가 없으면 어떻게 살지요?"

"그때는 두 형이 먹여 살려야죠."

전문가는 냉정했습니다. 아내는 세상이 다 무너진 듯 말을 잃었습니다. 아무것도 먹지도 마시지도 않고 몸을 쥐어짜듯 끊임없이 눈물만 쏟아냈습니다.

그날 저녁 연구소를 소개해준 직원에게 전화가 왔습니다.

"그 선생님이 말을 좀 독하게 하지 않던가요? 그분 얘기로는, 자신이 검사해보면 아이에게 장애가 있는 게 확실한데도 엄마들이 그걸 인정하지 않는다는 거예요. 자꾸 병원 쇼핑만 다니고…. 그래서 일부러 아주 단호하게 말한다고 하더라고요."

그래도 첫 진단치고 가혹했던 건 확실합니다. 아내는 그때 선생님의 답변이 너무 충격적이어서 모멸감까지 느꼈다고 합니다. 아무리 그렇다고 해도 그토록 거칠고 단도직입적으로 얘기할 수 있느냐는 거지요. 그 선생님이 미워지면서 증오심까지 올라오더랍니다. 막내의 장애가 그 선생님 때문에 생긴 건 아니지만, 가혹한 진단에 자신의 분노를 그분에게 집중 투사했던 거지요.

우근이가 건강하게 잘 크고 있는 줄만 알았던 아내와 저는 검사 결과를 믿을 수 없었습니다. 정확한 진단이 필요하다는 생각에 여기저기 수소문하여 각종 검사를 받고 의사와 상담을 했습니다. 진단명은 제각각이었지만 검사 결과는 비슷했습니다.

마지막으로 찾아간 곳은 국립정신건강센터(구 국립서울병원)였습니다. 소아청소년정신과에 자폐성 장애 전문가가 있다는 말에 지푸라기라도 잡는 심정으로 검사를 의뢰했습니다.

"아드님한테 자폐성 장애가 있는 게 확실해 보입니다."

처음 K아기발달연구소를 찾아가 검사받은 뒤로 수개월이 지난 시점이었습니다. 그제야 병원을 더 순례해봤자 의미가 없겠다는 생각이 들더군요. 아내도 수긍하는 눈치였습니다. 우리 부부는 우근이의 장애를 현실적으로 수용하고 하루라도 빨리 치료와 교육을 받아보자는 쪽으로 결론을 냈습니다.

**아이의 장애를
수용하다**　막상 우근이의 장애를 인정하자니 가슴이 먹먹했습니다. '두 아들은 멀쩡한데 왜 우근이만 장애를 갖고 태어났을까?' '우근이는 앞으로 어떻게 되는 거지?' '대체 어떻게 살아야 하나?' 눈앞이 캄캄했지만 아내와 우근이를 봐서라도 저부터 정신을 차려야 했습니다.

'먼저 내 마음부터 정리하자. 장애가 뭘까? 장애인은 누구일까?'

곰곰이 되새겨보니 어릴 적 기억이 떠오르더군요. 당시 우리 동네는 20여 가구가 모여 사는 전형적인 시골 마을이었습니다. 또래 친구끼리

항상 어울려 다녔고 골목을 누비며 놀았습니다.

마을에는 정신장애가 있는 형님이 한 분 있었습니다. 우리보다 나이가 훨씬 많은 형님인데, 항상 머리를 긁적이며 다녔고 우리를 만나면 "이놈들, 조용히 못해!" 하며 나무랐지요. 처음에는 그 형님이 무서워 혼비백산했지만 언제부턴가 되려 우리가 먼저 형님을 골려주기 시작했습니다. "메롱! 약 오르지롱?" 하고 줄행랑을 치면 형님은 우리를 쫓아오다 지쳐 포기하고 돌아가곤 했습니다.

마을에는 지적장애가 있는 학생도 두세 명 있었습니다. 우리와 같은 초등학교에 다녔는데, 우리는 이 친구들과 어울려 학교생활을 했습니다. 그 아이들이 좀 모자라고 어수룩하다는 생각은 했던 것 같습니다. 하지만 그들을 멀리하거나 기피하는 일은 없었지요. 등굣길이나 마을 행사에서 자주 마주치다 보니 그냥 동네 친구로 여겼습니다. 나중에 중·고등학교에 진학하면서 '누구네 집 딸이 무슨 시설에 갔다더라.'는 이야기가 풍문으로 떠돌곤 했지요.

그러고 보니 저는 어린 시절부터 장애가 있는 사람들과 자연스레 어울려 자랐더군요. 한 가족이 아닌데도 함께 어울려 살아왔는데, 하물며 제가 낳은 자식이라면 더 말할 필요가 없지요. 저는 우근이의 장애를 그들이 제 가족으로 찾아온 것처럼 생각하기로 했습니다. 우리와 조금 다른 아이라서 특별한 도움이 필요한 것뿐이라고요.

"그래, 내 가족 중에도 장애 아이가 생겼구나. 받아들이자."

그러고 나니 마음이 좀 편해졌습니다. 살아갈 용기가 생기더군요.

어머니도 그런 저를 격려해주셨습니다.

"아비야, 너무 상심하지 말거라. 삼신할미가 다 뜻이 있어 보내준 자식일 거다."

"어머니 …."

"우선 우근이 어미부터 잘 다독이거라. 나도 열심히 도울 테니 막내를 더욱 잘 키워야 한다."

어머니 말씀에 저는 천군만마를 얻은 기분이었습니다. 그제야 우근이의 장애 등록을 당당하게 받아들일 수 있었고, 가족은 물론 친척과 이웃에게도 우근이의 장애를 스스럼없이 알릴 수 있었습니다.

 당당한 주홍글씨 우근이가 장애 진단을 받던 무렵과 비교해보면 지금은 자폐성 장애에 대한 관심도 높고 연구도 활발합니다. 진단이 빨라진 것은 물론이고 자폐성 장애와 관련한 제도도 많이 보완되었습니다. 하지만 아이의 장애를 발견하고 인정하는 과정에서 많은 부모가 어려움을 겪는 것은 예나 지금이나 마찬가지입니다. 아이의 장애 등록을 결심하기까지는 그보다 훨씬 더 많은 고민이 따르게 마련이지요.

어떤 사람은 장애 등록을 '주홍글씨'에 비유합니다. 장애 등록을 하면 그게 낙인이 되어 아이를 평생 따라다니며 아이가 살아갈 앞날에 피해를 줄 거라고 생각합니다.

주홍글씨는 너새니얼 호손이 쓴 소설 《주홍글씨》에서 유래한 말입니다. 소설 속 여주인공은 간통죄로 '간통(adultery)'을 상징하는 'A'라는 문장을 가슴에 달고 삽니다. 이 주홍글씨는 낙인당한 피해자를 사회에서 분리시키는 힘이 있습니다. 그러나 소설 속 여주인공은 그 낙인을 숨기지 않고 오히려 드러냄으로써 가슴에 단 주홍글씨를 차별에 저항하는 자로서 자기 정체성을 드러내는 도구로 사용합니다.

만약 누군가 우근이의 장애 등록을 '주홍글씨'라고 말한다면, 그건 장애인이라는 사실을 부끄럽게 만드는 낙인이 아니라 당당하게 자기 정체성을 드러내는 선언이라고 말하고 싶습니다.

세계보건기구에서는 각 나라마다 인구의 약 10퍼센트 정도가 장애인인 것으로 추정하고 있습니다. 이렇게 보면 우리나라에도 열 명당 한 명꼴로 장애인이 있다는 얘깁니다. 4인 가족을 기준으로 한다면 세 집만 모여도 장애인을 만날 수 있는 것이지요. 그렇다면 장애를 나와 가족을 포함하여 우리 이웃사촌의 고유한 개성으로 바라볼 수도 있지 않을까요?

우근이는 외출할 때마다 지갑에 장애등록증(복지카드)을 넣고 다닙니다. 저는 우근이의 장애등록증이 조금도 부끄럽지 않습니다. 그게 "나는 자폐성 장애가 있는 사람이고, 이런 삶을 당당하게 살아갈 거야."라는 우근이의 자기 선언이라고 생각하니까요.

치료실 순례

우근이의 장애 등록을 우리 부부는 다른 장애아 부모들에 비해 비교적 일찍 한 편입니다. 당시에는 막내아들의 장애를 나름 당당하게 받아들였다고 아내와 저는 생각했지요. 그런데 나중에 돌아보니 장애 등록은 시작에 불과했습니다. 흔히 장애아의 부모는 아이의 장애를 있는 그대로 받아들이기까지 몇 단계 과정을 거친다고 하는데, 우리 부부가 꼭 그랬습니다.

아내의 경우에는 특히 우근이의 장애를 '머리'가 아닌 '가슴'으로 받아들이는 데 시간이 오래 걸렸습니다. 지적 자부심이 워낙 강한 아내이기에 더 그럴 수밖에 없었을 겁니다. 우근이에게 장애 진단이 내려지기 전까지는 자신이 장애가 있는 아들과 함께 살 거라고 꿈에도 생각해본 적이 없을 테니까요.

**죄책감이 낳은
부질없는
희망**

우근이에게 장애가 있다는 사실을 처음 알고 아내는 큰 충격을 받았습니다. 하지만 곧 마음을 추스리고 자폐성 장애에 대해 공부하더군요. 당시 서점에는 중증장애아의 부모가 쓴 수기가 다수 출간되어있었는데, 그 책을 모두 구입해 읽었습니다. 수기를 쓴 부모들은 대부분 '헌신적인 희생'을 강조했습니다. 부모가 노력하면 장애 자녀가 말문도 어느 정도 트이고 사회적응력도 좋아진다는 주장이었지요.

아내는 하루라도 빨리 치료를 시작해야 한다는 입장이었습니다. 우근이의 장애가 치료를 통해 개선될 수 있다는 희망을 가진 겁니다. 저는 아내의 발 빠른 대처에 가타부타 토를 달 수 없었습니다. 아내가 휴직까지 하고 나섰으니, 저는 한발 뒤로 물러난 거지요.

이때부터 우근이는 엄마 손에 이끌려 본격적으로 치료교육을 받기 시작했습니다. 장애 진단을 받은 해 3월부터 집에서 차로 한 시간 거리에 있는 M아카데미에 다녔지요. 그곳은 행동주의 이론에 근거해 장애 아동을 교육하는 사설 학원이었습니다. 아이의 행동에 초점을 맞춘 적절한 자극과 반응을 통해 장애아도 학습이 가능하다는 이론을 바탕에 두고 있지요. 예를 들어 아이가 돌발 행동을 하면 '타임아웃'이라는 훈육 방법을 씁니다. 하지 말아야 할 행동을 알려주고 스스로 잘못을 깨닫게 한다는 명목으로 한 평 공간쯤 되는 폐쇄된 치료실에 아이를 혼자 있도록 분리시켜두는 것이지요.

이런 치료 방식은 우근이에게 맞지 않았습니다. 우근이가 보이는 특이 행동은 단순한 '문제행동'이 아니라 나름 이유와 근거가 있는 행동이기 때문이지요. 우근이는 M아카데미에서 제대로 치료교육을 받지 못하고 힘들어했습니다. 적응하지 못하는 우근이를 데리고 다니느라 아내도 지치고 말았지요.

그렇게 수 개월이 지난 어느 날 밤, 우근이가 자다가 깨어나 자지러지게 울었습니다. 방 밖으로 나와 머리를 벽에 찧어대는데, 도대체 어떻게 달래줘야 할지 알 수가 없었습니다. 이런 경우에 대개 엄마들은 "울지 마, 울지 마." 하면서 아이를 안아주는데, 아내는 아무런 반응을 보이지 않았습니다. M아카데미에서 배운 대로 '아이가 관심을 끌기 위해서 폭력적인 행동을 한다'고 믿고 애써 무시한 겁니다. 다만 우근이가 다치지 않도록 머리에 방석만 받쳐주더군요.

우근이의 울음과 자해 행동은 계속됐습니다. 아내는 어쩔 줄 몰라 하면서도 계속 우근이를 지켜보기만 했습니다. 보다 못한 제가 나서서 안아주기도 하고 야단쳐보기도 했지만 알 수 없는 발작과 울음, 자해 행동을 멈추게 할 수는 없었습니다. 수 시간이 지나 스스로 잦아들 때까지 기다리는 수밖에 없었지요.

이런 일이 반복되면서 아내와 저는 수시로 머리를 맞댔습니다. 우근이를 더 이상 이런 방식으로 키울 수 없다고 생각한 거지요. 그러던 어느 날, 고민 끝에 아내가 그동안 M아카데미에서 있었던 일들을 솔직하게 털어놓았습니다.

상처받은 아이

아내 말에 따르면, 우근이는 M아카데미에 다니는 동안 텐트럼(자폐 아동이 보이는 분노발작)을 여러 번 일으켰습니다. 주로 오전 수업을 마치고 미술치료를 받으러 가던 중에 일어난 일로, 이동 중에 갑자기 뒤로 넘어가 머리를 쿵쿵 찧고 울면서 안 가겠다고 온힘을 다해 버티더랍니다. 네 살짜리 아이의 힘이라고 믿어지지 않을 만큼 버둥거리며 저항했다는 겁니다.

M아카데미에는 텐트럼을 진압하는 그들만의 방식이 있었습니다. 먼저 선생님 세 분이 신속하게 달려들어 아이를 압박합니다. 아이는 온힘을 다해 반항하지만 결국 포기하고 땀에 젖어 축 늘어집니다. 다른 선생님 한 분은 그 옆에서 아이가 텐트럼을 일으킨 시간을 측정하고 기록합니다. 만약 진정할 시간이 더 필요하다고 판단하면 아이를 벽이 온통 흰색으로 칠해진 타임아웃 방에 넣습니다.

한 번은 이런 일도 있었습니다. 그날도 선생님들은 우근이의 텐트럼에 절차대로 대처했습니다. 30분쯤 지나 우근이가 늘어진 채로 더 이상 힘을 쓰지 못하자 시간을 측정하던 선생님이 우근이가 처음보다 텐트럼을 일으키는 시간이 짧아졌다고 말했습니다.

처음에 아내는 그 말을 믿었습니다. 이런 절차를 반복하면 아이 스스로 지레 포기하고 텐트럼을 자제할 수도 있겠구나 싶었던 거죠. 하지만 시간이 갈수록 아이가 왜 이런 행동을 하는지 이해하지 못한 채 아이와 선생님 간에 벌어지는 '전투'를 무작정 지켜보는 것이 고통스러웠습니다. 어린 것을 저렇게 '진압'하는 것이 과연 최선일까 하는 회의 감과 모욕감이 마음속에서 복잡하게 교차했습니다. 그렇지만 마땅히 다른 대안이 있는 것도 아니라서 M아카데미의 확고한 방침에 문제제 기를 할 수 없었던 겁니다.

그해 11월, 결국 사건이 벌어졌습니다. 우근이가 M아카데미 수업을 마치고 곧바로 언어치료를 받으러 가야 하는 날이었지요. 시간이 촉 박한 상황에서 아내가 우근이를 데리고 서둘러 주차장으로 갔는데, 우근이가 차를 보더니 갑자기 타지 않겠다고 버티기 시작한 겁니다. 치 료 시간에 늦을까 봐 조바심이 난 아내는 순간 M아카데미 소장의 말 을 떠올렸습니다.

"아이가 떼를 써서 얻는 것이 없게 해야 한다. 엄마는 아이를 무조 건 이겨야 한다. 텐트럼은 일단 제압해야 한다."

하지만 우근이는 전력을 다해 저항했고, 한참을 씨름하던 아내는 그만 자기도 모르게 무섭게 소리를 치고 말았습니다.

"우근, 빨리 타!"

아차 싶었지만 이미 늦었습니다. 귀가 예민해서 소리 지르는 걸 무척 싫어하는 우근이는 이미 몸을 돌려 동네 골목골목을 뛰어다니고 있 었습니다. 아내가 그 뒤를 쫓아갔지만 허사였습니다. 우근이는 주차 장 근처에는 아예 가지 않으려고 했지요. 한참만에 우근이를 달랜 아 내는 M아카데미 선생님들의 도움을 받아 간신히 우근이를 차에 태워 집으로 돌아왔습니다.

그 뒤로 우근이는 마치 상처 입은 짐승처럼 몇 달 동안 집 밖에 나가려고 하지 않았습니다. 아내도 우근이처럼 방 안에 처박혀 웅숭그리고 있었습니다.

누구를 위한 치료인가

이런 일이 있고 나서 지난 몇 달을 되돌아봤습니다. 사실 장애 진단을 받기 전까지 우근이는 집 말고는 어디 가서 따로 교육을 받아본 적이 없었습니다. 할머니 품 안에서 그저 건강하게 자라고 있었지요. 장애 진단을 받으면서 갑자기 과도하게 주목받고 지나친 관심과 개입에 노출된 겁니다. 거기다 아내까지 여러 치료실을 전전하며 우근이를 몰아세웠지요. 우근이가 엄마 손에 이끌려 해왔던 일을 되짚어보니 그동안 저항할만한 요인이 부지기수로 쌓여왔다는 생각이 들었습니다.

우근이는 그해 2월부터 검사를 받는다고 병원과 복지관을 다녔습니다. 3월부터는 M아카데미를 다녔습니다. 그곳에서 고래밥이나 스키틀즈 같은 과자를 감질나게 얻어먹으면서 특정 행동을 따라 하도록 끊임없이 자극을 받았습니다. M아카데미에서 치료수업을 마치면 오후에는 사회성을 기른다고 엄마와 함께 아파트 단지 안에 있는 놀이방을 갔습니다. 저녁이면 아내는 당시 유행하던 한글 교재를 펴놓고 가르치며 우근이에게 노래도 불러주고 색칠도 하게 했습니다.

4월부터는 S복지관에서 모자(母子)수영을 시작했습니다. 우근이는 유아 풀장에 발조차도 담그기 싫어했고, 따뜻한 수돗물을 받아놓은 얕은 욕조에 엄마와 함께 들어가는 것도 힘들어했습니다. 아내가 우근이를 안고 들어가서 조심스레 우근이 발을 물에 적시려고 하면 발버둥을 치며 저항했지요. 그 뒤로는 아예 수영장에서 옷조차 벗지 않으려고 버텼습니다. 우근이는 이렇듯 미세한 자극조차도 천둥벼락이 치는 것처럼 무서워했습니다.

5월부터는 S소아정신과에 일주일에 한 번씩 가서 '발달적 놀이치료'라는 걸 받았습니다. 엄마와 아이가 노는 장면을 관찰하고 분석해서 조언해주는 프로그램이었습니다. 의사는 권위 있는 전문가라고 했지만 까탈스러운 성격이어서 치료실은 늘 긴장된 분위기였습니다.

6월부터는 M아카데미에서 일주일에 한 번씩 미술치료를 추가로 받았습니다. 미술치료라고 해봐야 스티커 붙이기, 동그라미 치기, 밑줄 긋기를 하는 정도였습니다. 우근이는 오전 수업을 마치고 또 미술치료를 받는 게 정말 싫었나 봅니다. 그 시간에 텐트럼이 집중적으로 나타났으니까요.

8월부터는 토요일마다 W복지관에 가서 집단놀이치료를 받았습니다. 치료받는 아이들이 대부분 초등학생이라서 아직 어린 우근이는 그곳 아이들과 함께 어울리고 모방하며 놀 단계가 아니었습니다. 아내도 그 점을 인정하고 곧바로 놀이치료를 그만두었습니다.

10월에는 B병원 신경정신과에서 검사를 받았습니다. 그 병원에서는 약물치료를 하면 자폐 증상이 나을 수 있다고 했습니다. 담당 의사는

MRI다 뭐다 각종 검사를 실시한 후 말했습니다.

"아이가 미세한 발작을 끊임없이 일으키고 있습니다. 심한 자극을 받지 않도록 입원을 시키는 게 좋겠네요."

지금까지 잘 지내왔는데 꼭 입원을 시켜야 하나 싶었지만 일단 의사를 믿어보기로 했습니다.

우근이는 병상에 누워 각종 처치를 받고 약을 복용했습니다. 아내는 집안일을 어머니에게 맡기고 꼼짝없이 우근이 옆에 붙어있었지요. 저는 매일 퇴근 후 병원으로 가 밤을 지새웠습니다. 우근이는 그런대로 병원 생활을 버텨냈습니다.

그러던 어느 날, 우연히 병원 근처에 사는 친구를 만나 이런저런 이야기를 나누다가 뜻밖의 사실을 알게 됐습니다. 그 친구가 우리 부부를 집으로 초대해서 갔더니, 자기 아내가 우근이가 입원한 B병원에서 방사선과 의사로 근무한 적이 있다고 하면서 이런 말을 하더군요.

"우근이 담당 의사가 병원 직원들 사이에서는 평판이 안 좋아요. 검진 결과를 왜곡해서 과잉 진단과 처방을 남발한 경우가 많았거든요. 그래서 신뢰를 잃었어요."

"그런 의사가 어떻게 병원에 남아있죠?"

"병원 경영자 입장에선 환자를 잘 끌어오니 오히려 대접을 해주고 있는 거죠."

아내와 저는 아차 싶었습니다. 의사가 좀 이상하다는 느낌을 받았는데 바로 이거였구나. 다음날 담당 의사에게 상담을 신청했습니다.

"우근이 진단 결과에 대해 자세히 설명을 듣고 싶습니다."

"아니, 이미 설명했는데 또 해야 하나요?"

"우근이에게 나타난다는 미세한 발작이 이해가 되지 않아서요."

"의사를 그렇게 신뢰하지 못하신다면 방법이 없죠. 퇴원하세요."

그제야 담당 의사가 거짓 진단을 내렸다는 걸 알았습니다. 자기 말만 들으면 아이를 정상이 되게 해주겠다더니 결국 장삿속 의료 행위였습니다. 얼마 지나지 않아 B병원이 부도로 문을 닫았다는 이야기가 들려오더군요. 누굴 탓하겠습니까? 귀가 얇아진 우리 부부의 책임이 크지요. 자괴감이 밀려왔습니다.

 우근아 미안해

M아카데미에서는 아이가 쌀 한 톨을 들 힘만 있어도 교육을 받아야 한다고 말했습니다. 하지만 그때 우근이는 네 살이었습니다. 신체 발달은 잘된 편이었지만 정신연령은 아기나 다름없었지요.

겁 많고 소심하고 두려워하는 어린아이에게 아내는 채찍을 휘두르며 장애의 늪에서 빠져나오라고 요구하고 있었습니다. 그 과정에서 '장애 아동'이 아닌 '아동'으로서의 정서는 무시되었습니다. 이런 점에서 본다면, 우근이가 보인 텐트럼은 반항을 한 것이라기보다는 상처입고 두려워하는 마음을 표현한 것이라고 봐야겠지요.

그해 겨울, 집에서만 처박혀 지내던 우근이는 딱 한 번 집 밖으로 나갔습니다. 우근이가 다니는 언어치료실 Y선생님이 진행하는 눈썰매 캠프에 참여하기 위해서였지요. Y선생님은 우근이가 M아카데미에서 자주 텐트럼을 일으키며 힘들어하던 무렵, 주위 부모님의 소개로 알게 된 분이었습니다.

그날 아내는 무서워하는 우근이를 등에 업고 집을 나서서 택시를 탄 다음, 눈썰매장에 가기 위해 대기하고 있던 버스로 갈아탔습니다. 우근이는 아내 가슴에 얼굴을 묻고 마치 힘센 아기 코알라처럼 아내 품안에 꽉 붙어있었습니다. 눈썰매를 보고도 아내 어깨를 붙잡고 내려오려고 하지 않았지요. 아내는 우근이를 안은 채 눈썰매를 끌고 꼭대기까지 올라갔습니다.

"우근아, 이제 슈웅~ 내려가요. 꽉 잡아."

눈썰매를 타고 내려올 때 잔뜩 굳어있던 우근이의 얼굴 표정이 살짝 펴지는 것 같았습니다. 얼굴에 희미한 웃음이 비쳤습니다. 그걸 본 아내는 우근이를 안은 채로 다시 눈썰매를 끌고 꼭대기를 두 번, 세 번, 네 번… 수차례 올라갔습니다. 그해 겨울, 아내는 우근이에게 이렇게라도 미안한 마음을 전하려고 애쓰고 있었습니다.

누구나 자기만의
속도가 있다

우근이가 M아카데미를 그만둔 다음해 2월, 국립정신건강센터에서 뜻밖의 연락이 왔습니다. 우리 부부가 일 년 전에 대기시켜놓았던 모아애착프로그램에 우근이가 대상자가 되었다는 겁니다.

M아카데미와 달리 국립정신건강센터에서는 '모아애착'을 강조하는 놀이 프로그램 교실을 운영했습니다. 서울대학교 병원에서 개발한 프로그램을 이용하는데다가 국립 기관에서 운영해서 수업료도 저렴한 편이었지요. 무엇보다 병원이다 보니 담당 의사와 치료사가 상주해있고, 인턴 십 과정이나 봉사 활동을 통해 장애 아동을 위한 미술치료와 음악치료 등 다양한 체험 활동을 제공했습니다. 병원 한 곳에서 치료와 교육을 종합적으로 받을 수 있으니 여기저기 기웃대고 다닐 필요가 없어서 더욱 좋았습니다.

모아애착교실

그때 우근이는 석 달이 넘도록 집 밖으로 나가지 않고 있는 상태였습니다. 그런 아이를 국립정신건강센터까지 데려가는 게 당장 큰일이었습니다. 게다가 우근이는 M아카데미에서의 사건 이후로 절대로 자가용을 타지 않으려고 했지요. 어쩔 수 없이 아내가 한동안 우근이를 업고 택시를 타고 다녀야 했습니다. 다행히 그 뒤로는 아내가 운전을 하고 어머니가 우근이를 안고 뒷자리에 타 셋이서 함께 다녔습니다.

〈모아애착교실〉은 오전과 오후반으로 운영되는데, 각 반에는 장애 아동 여덟 명이 함께 참여했습니다. 오전반인 우근이네 반에는 네 살 아이가 다섯 명, 우근이와 같은 다섯 살 아이가 세 명 있었습니다.

엄마와 아이들은 〈모아애착교실〉에서 함께 노래를 부르고 율동도 하면서 다양한 놀이 활동을 했습니다. 일주일 단위로 바뀌는 활동에 맞춰 엄마와 아이들이 함께 '꼬마야, 꼬마야.' 노래를 부르기도 하고, 고무줄놀이를 하거나 색종이를 오리고 붙이기도 하고, 색깔 찰흙을 만지거나 비누 거품을 불면서 지냈습니다.

그런데 가만히 보니 어떤 활동을 하든지 간에 우근이가 뒤쳐지더군요. 오히려 어린 동생들이 우근이보다 훨씬 잘 따라 하고 기능도 더 좋았습니다. 우근이는 수업 시간 내내 무표정한 얼굴이었고, 순하고 겁이 많았지만 고집은 아주 셌습니다. 그러다 보니 아내는 수업에 참여하면서 마음 한편으로 속상해할 때가 많았습니다.

치료실 속
비교와 경쟁

"왜 우근이는 이토록 변화가 없을까? 엄청나게 똑똑해지기를 바라는 것도 아닌데 …. M아카데미에서 같이 배웠던 아이들이나 지금 〈모아애착교실〉에서 같이 놀고 있는 아이들이 인지가 성장하는 만큼이라도 변화가 있으면 좋으련만 …."

우근이가 반 아이들 중에서 가장 기능이 떨어지는 걸 눈으로 확인할 때마다 아내는 겉으로는 아무렇지도 않은 척했지만 마음속으로는 생채기가 난 듯 아파했습니다.

아이가 장애 진단을 받은 지 얼마 안 된 부모들은 대개 자신이 열심히 노력하면 아이의 장애가 극복될 거라고 믿습니다. 거칠게 말하면, 아이가 지금 속해있는 그룹에서 탈출하는 게 최대의 목표입니다. 그러다 보니 내 아이가 얼마나 좋아지고 있는지, 다른 아이들보다 기능이 얼마나 더 좋은지에 온통 관심이 쏠려있습니다. 가능하면 내 아이가 기능이 좋은 아이와 친하게 지내면서 더 배우기를 바랍니다. 기능이 떨어지거나 문제행동을 많이 하는 아이는 알게 모르게 멀리 하기도 하지요. 치료실 안에도 치열한 비교와 경쟁이 있었던 겁니다.

아내는 집에 와서도 우근이와 같이 노는 시간이면 일부러 우근이가 원하는 것보다 더 세게 장난을 치곤 했습니다. 뭔가 변화가 있었으면 하고 소망했던 거지요. 그러면서 이런 말을 자주 중얼거렸습니다.

"우근이는 언제나 말 한 마디를 하게 될까?"

나중에 그때를 돌이켜보니 우근이는 말을 하지 않았을 뿐, 분명 변화를 보이고 있었습니다. 〈모아애착교실〉에 다니는 첫 한 달 동안 프로그램에 서서히 적응했습니다. 다시 한 달 뒤에는 아내 혼자 우근이를 자동차에 태워 데리고 다닐 수 있었지요.

아내는 집에서도 그림카드와 노래 테이프, 벽에 붙여놓은 그림 등을 이용해 우근에게 낱말을 가르쳤습니다. 그림과 연관된 노래도 불러주었습니다. 예를 들어 코알라 그림을 보면 "숲속의 재주꾼 코알라, 나무 위에 매달려 있다가~." 하며 노래를 해주었지요.

우근이는 그 노래를 좋아했습니다. 코알라 그림이 나오면 아내 입술에 손가락을 대고 아내의 얼굴을 바라봤습니다. 가만히 있으면 답답하다는 듯 "숲~" 하고 첫 음절을 발음해주기도 했지요. 아내가 "숲속의~" 하고 노래를 멈추면 "재~" 하면서 또 첫 음절을 내뱉었지요. 우근이는 아내가 불러주는 노래를 다 기억하고 있었습니다. 아무 말도 하지 않는다고 해서 아무 것도 모르는 게 아니었던 것이지요.

 자기만의 속도로 자라는 아이 우근이가 어린이집을 다닐 때의 일입니다. 당시 우근이는 편식이 아주 심했습니다. 음식은 김과 빵, 귤 등 몇 가지만 먹었고, 특히 밥 종류는 집 밖에 나가면 일절 먹지 않았습니다. 오죽하면 "엄마가 마음을 독하게 먹고 우근이의 고집을 꺾어보세요."라고 충고하는 선생님도 있었습니다.

아내는 우근이의 식습관 문제 하나에도 조심스럽게 접근했습니다. 부모 마음이 너무 앞서면 아이가 다칠 수 있다는 걸 깨달았기 때문이지요. 처음에는 표를 만들어 우근이가 좋아하는 음식, 가끔 먹는 음식, 싫어하는 음식을 하나하나 기록하더군요. 그런 다음 우근이가 좋아하는 음식에다가 싫어하는 음식을 잘게 썰어 넣어 맛보게 하고, 요리하기 좋아하는 우근이에게 직접 음식을 만들어보게 했습니다.

효과는 천천히 나타났습니다. 우근이는 프라이팬에서 갓 나온 뜨거운 음식은 잘 먹었습니다. 또 눈앞에서 무친 나물류를 먹기 시작했습니다. 시간이 지나면서 싫어하는 음식이 가끔 먹는 음식으로, 가끔 먹는 음식이 좋아하는 음식으로 조금씩 바뀌었습니다. 잘 먹는 음식의 가짓수도 많아졌습니다. 비록 여러 해가 걸리기는 했지만 우근이는 대부분의 음식을 먹는 데 큰 문제가 없게 되었습니다.

수영도 마찬가지였습니다. 우근이는 어려서부터 물을 아주 무서워했습니다. 네 살 때는 엄마와 함께 따뜻한 물을 채운 작은 실내 욕조에 들어가는 것도 질색을 했고, 해수욕장에 데려가도 바닷물에 발조차 담그려고 하지 않았지요. 그러면서도 우근이의 얼굴에 미세하게 피어나는 호기심을 우리 부부는 놓치지 않았습니다.

우근이가 여섯 살이 되었을 때 저는 일주일에 한 번씩 우근이를 유아용 풀장에 데려갔습니다. 기본적인 안전에만 신경을 쓰고 우근이에게 그 어떤 행동도 요구하지 않았습니다. 그저 둘째와 함께 물장난을 치고 놀았습니다. 그러기를 무려 여섯 해, 마침내 우근이는 유아용 풀장에 입수했고, 얼마 지나지 않아 성인용 풀장에 들어가 수영을 배우기 시작했습니다.

이런 경험을 하면서 우리 부부가 깨달은 게 있습니다. 우근이가 자신이 하고 싶은 걸 스스로 선택할 때까지는 오래 기다려야 한다는 것이지요. 우근이에게는 자기만의 속도가 있다는 걸 알게 된 겁니다.

우근이는 자기 욕구를 거의 표현하지 않았습니다. 도대체 무엇을 하고 싶어 하는지 알 수가 없었지요. 또한 한 번도 경험해보지 않은 새로운 상황은 대체로 거부했습니다. 뭔가에 관심을 갖더라도 발동이 늦게 걸리는 편이었고, 적응하는 속도도 아주 느린 편이었습니다. 그러니 우근이가 징징거릴 때면 정말로 싫은 건지 아니면 사실은 관심이 있는데 아직 발동이 걸리지 않은 것뿐인지 판단하기가 어려웠습니다.

그게 답답하다고 우근이의 문제를 빨리 해결하려고 하면 부작용이 생겼습니다. 우근이는 비록 더디기는 해도 자신만의 속도에 맞게 성장하고 있었으니까요. 좀 느리더라도 참고 우근이의 속도에 맞추는 게 중요했습니다. 그것도 모르고 우근이의 행동을 '문제'로만 바라봤던 우리 부부의 시각이 사실은 '진짜' 문제였습니다.

치료실 안녕

우근이는 장애 진단을 받은 해부터 사설 언어치료실을 다녔습니다. M아카데미에서 우근이가 텐트럼을 자주 일으켜 힘들어하던 무렵, 주위 부모님의 소개로 다니게 된 곳이었지요.

특수교육을 전공한 Y선생님은 아이들을 향한 진심과 열정이 넘치는 분이었습니다. 언어 한 단어를 배우는 것보다 아이가 정서적으로 편안해지는 게 먼저라는 믿음을 갖고 있었지요. 수업 시간에도 자신이 먼저 스킨십을 시도하며 아이들과 놀아주었습니다. 덕분에 언어치료실을 나오는 우근이의 표정은 눈에 띄게 밝아져 있었습니다.

이렇게 시작된 Y선생님과의 인연은 무려 십 년 동안 쭉 이어졌습니다. 우근이가 초등학교를 졸업할 때까지 일주일에 두세 번씩 Y선생님에게 꾸준히 언어치료를 받았으니까요.

읽고 쓰는 능력을 향상시키다

우근이는 언어치료실에서 글자를 읽고 쓰는 방법을 훈련받았습니다. 치료실에서 선생님의 지시를 받는 동안은 집중력을 발휘하더군요. 선생님의 지시에 따라 또박또박 읽고 쓰는 정도는 따라갔습니다.

집에서는 아내가 각종 스티커와 사진 자료를 만들어 우근이에게 치료실에서 배운 내용을 복습시켰습니다. 덕분에 우근이는 사진을 보고 물건 이름 말하기, 물건 이름 반복해서 쓰기 등 한글을 읽고 쓰는 능력을 어느 정도 향상시킬 수 있었습니다.

선생님의 노력과 아내의 헌신적인 뒷받침이 결실을 맺었다고나 할까요? 우근이가 한글카드 속 글자를 읽고, 사진 속 사물의 이름을 말할 때마다 우리 부부는 뛸 듯이 기뻐했습니다. 이러다 우근이가 말문이 트이는 건 아닐까 하며 섣부른 기대를 갖기도 했었지요.

하지만 더 이상 진전이 없었습니다. 우근이는 치료실이나 집에서 학습 상황을 만들어 지시하고 요구할 때 대답하는 정도가 전부였습니다. 일상생활에서 어떤 상황이 벌어졌을 때 자신의 요구나 감정을 언어로 표현하는 일은 없었습니다. 치료실에서 교육받고 학습한 내용이 실생활에서는 전혀 적용이 되지 않는 겁니다. 일상에서 의사표현을 하도록 요구하면 상대방이 묻는 말을 그대로 따라 하는 '반향어'만 구사할 뿐 '자발어'는 나오지 않았습니다.

우근이가 초등 고학년이 되면서 저는 아내에게 언어치료를 그만두자고 했습니다. 언어치료가 어느 정도 한글 독해능력을 길러주기는 하겠지만, 궁극적으로 우근이가 실제 생활에서 자신의 의사를 표현하게 하는 데는 한계가 있다고 느꼈으니까요.

 언어치료 10년,
그 결과는? 아내는 치료교육을 멈출 수 없다는 입장이었습니다. 바로 이런 교육 과정이 모이고 모여 체득되어야 우근이가 나아질 수 있고, 우근이의 언어 기능이나 인지 기능이 높아질 수 있다고 주장했지요.

"그렇다면 치료실에서 선생님하고 있을 때는 나오는 언어가 왜 실생활에서는 안 나오는 거죠? 언어는 원래 자연스럽게 배워야 하는 거예요. 교육적인 접근만으로는 한계가 있을 수밖에 없다고요."

저는 한 평짜리 교실에서 선생님의 지시에 따라 반복하는 학습이 얼마만큼 효과가 있을지 의문을 제기했습니다.

"장애 때문에 일상에서는 스스로 언어를 터득할 수가 없잖아요. 그러니 집중적으로 지도를 받아서라도 말을 배워야죠. 작은 과제라도 수행해내면 그게 천천히 일상생활로 전이되는 거라고요."

"구조적으로 설정된 상황에서 일상 언어를 교육한다는 것 자체가 한계가 있을 수밖에 없어요. 치료실 상황이 오히려 아이의 자발적 욕구를 억누를 수도 있다고요. 하라는 대로 따라만 하는 우근이를 보면 오히려 안쓰러울 때가 많아요."

아내가 기가 막혀 하면서 목소리를 높이더군요.

"한계가 있다면 그럴수록 언어치료실에서 배운 내용을 일상에서 사용할 수 있도록 더 많이 신경 써야 하지 않나요?"

그러더니 이내 저에게 이렇게 묻더군요.

"오늘 우근이가 언어치료실에서 뭘 배웠나요?

순간 당황한 저는 머뭇거리며 말했습니다.

"글쎄요 …. 뭘 했더라?"

이쯤 되면 아내가 짜증 낼 차례입니다.

"여보! 내가 우근이를 데리고 다닐 때는 집에 와서도 계속 학습 상황을 만들어주었어요. 그날 배운 내용을 집에서 자주 반복해주면 더 효과가 있다고 Y선생님이 당부하셨잖아요."

"하지만 우근이는 아직 어리잖아요. 맘껏 뛰어놀 시간이 필요해요. 그리고 우리도 우근한테만 신경 쓸 게 아니라 우리 자신에게 충실할 필요가 있어요."

"당신, 아이를 위해 쉬는 거 아니었나요? 그러려고 안식년까지 들어 갔으면 최선을 다해야죠."

"내가 보기엔 당신이야말로 우근이에게 최선을 다하는 자기 역할에 집착하고 있어요. 우근이를 위한다는 명목으로 자꾸 뭔가 희생하려고 하잖아요. 이제 우근이에 대한 욕심은 조금씩 내려놓고 당신 갈 길을 가세요. 어떻게든 내가 우근이랑 부대끼며 천천히 한 걸음씩 가볼 테니까요."

기회가 있을 때마다 우리 부부는 우근이의 언어치료를 두고 논쟁을 벌였지만 평행선만 달릴 뿐 결론이 나질 않았습니다.

 치료 과잉의 문제 그러다가 우근이가 초등 6학년 때쯤 장애 아동의 치료비를 지원하는 바우처 제도가 생겼습니다. 소득수준에 따라 치료비를 지원하는 이 제도 덕분에 많은 장애아 부모가 치료비 부담을 덜 수 있게 되었지요. 그러면서 너도 나도 장애 자녀에게 더 많은 치료교육을 제공하기 시작했습니다. 치료 과잉소비 현상이 생겨난 것입니다.

여기서 한 번 곱씹어봐야 할 문제가 있습니다. 내 아이가 장애 진단을 받았다는 건 무슨 의미일까요? 장애인의 사전적 정의를 살펴보면 '몸과 마음의 기능이 비장애인과 달라서 사회적으로 일상생활을 영위하는 데 불편함을 느껴 평생 누군가의 도움을 받아야 하는 사람'이라고 나옵니다. 이 정의에 따르면, 장애란 '평생' 지니고 살아가야 할 특성이지요. 즉 의료나 재활치료로 치유되거나 극복될 수 있는 문제가 아니라는 뜻입니다.

하지만 많은 부모가 내 아이의 장애를 언젠가는 치료하고 극복할 수 있다는 희망을 품고 치료에 매달립니다. 주위 부모들이 소개하는 치료실에 대기를 하고 치료실 순례에 나섭니다. 이건 자녀의 장애를 올바로 이해했다고 볼 수 없지요.

다시 아내를 설득했습니다. 치료 대신 운동(수영, 자전거, 등산 등)이나 예능교육(피아노 등)에 집중하자고 주장했지요. 아내는 쉽사리 동의해주지 않았지만 그래도 포기하지 않고 제 생각을 끈질기게 설명하고 또 설명했습니다.

우근이는 결국 중학교에 진학하면서 언어치료실에 다니는 걸 중단했습니다. 대신 특수체육 전공 선생님과 복지관이 협동으로 진행하는 특수체육 프로그램에 2년 동안 참가했습니다. 초·중·고등학교에 다니는 장애 학생들이 방과 후 일주일에 한 번씩 J초등학교 강당에 모여 두 시간씩 체육 활동을 했지요. 말이 특수체육이지, 농구와 배드민턴 등 여러 가지 운동 종목의 기본동작을 익히는 정도였습니다.

자녀 특성에 맞는 치료교육

치료교육은 모두 그만두었지만 우근이는 초등학교 저학년 때부터 다니기 시작한 수영 강습과 피아노 학원은 꾸준히 다녔습니다. 각종 캠프와 체험 활동에도 빠짐없이 참가했고, 틈만 나면 아빠와 함께 자전거를 타고 등산을 하고 여행을 다녔습니다. 치료교육을 받는 것보다는 이게 우근이에게는 더 맞는다고 판단했습니다.

저도 치료교육 자체를 거부하지는 않습니다. 앞서 소개한 것처럼 우리 부부도 꽤 오랫동안 좌충우돌하면서 막내의 장애를 치유해보고자 부단히 애를 썼지요. 그 과정에서 여러 가지 일을 경험하면서 치료가 전부가 아니라는 걸 깨달은 것이지요. 아이의 장애에 대해 '치료'보다는 '교육'으로 접근할 필요가 있다는 게 제 생각입니다.

우리 아이들이 지니고 있는 장애는 천차만별입니다. 어떤 아이들에게는 '언어치료'나 '감각치료' 등이 분명 효과가 있지만, 그게 모든 아이들에게 반드시 도움이 되는 것은 아니지요. 아이가 지닌 장애 특성을 고려하지 않고 무리하게 치료를 강행하거나 욕심을 부리면 아무리 좋은 치료도 효과가 없습니다. M아카데미에서 우근이가 경험한 것처럼 오히려 아이가 상처 입거나 상태가 악화될 수도 있습니다.

이런 일을 막으려면 우선 부모가 내 아이의 장애 특성을 정확하게 파악해야 합니다. 그런 다음 아이의 성장이나 발달 단계에 맞게 치료와 교육 활동을 계획해야 합니다. 이 점만 명심하면 좋을 것 같습니다. 내 아이의 장애를 치유하거나 극복할 수 있다고 믿는 순간 무리수를 두게 된다는 것을요. 그러다 보면 아이와 부모 모두가 상처 입을 수 있다는 것을 잊지 말아야 합니다.

물설고 낯선 곳으로 떠난 해외여행에서
우근이는 집과 동네에서 하던 버릇을
전혀 보여주지 않았습니다.
익숙한 동네와 낯선 동네를 구분해서
대처하는 능력이 있었던 거지요.
이때부터 우근이에 대한 믿음이 생겼습니다.
우리 눈에는 사라진 것처럼 보일지라도
우근이는 스스로 하고 싶은 일을 하고 나서
언젠가는 다시 우리 곁으로 돌아온다는
사실을 깨닫게 된 겁니다.
여행은 몸과 마음이 성장하는
'길 위의 학교'입니다.

2장

아이는 길 위에서 자란다

길 위의 학교, 여행

여행은
길 위의 학교

저는 유난히 여행을 좋아합니다. 공부만 강요당했던 고등학교 시절에도 그나마 가장 좋아했던 교과목이 '지리'였으니까요. 지긋이 엉덩이를 붙이고 앉아있는 성격이 아니라서 시골에서 자란 아이들이 대부분 그렇듯, 어릴 때는 틈만 나면 친구들과 어울려 놀기 바빴지요.

집을 떠나는 여행은 고2 수학여행 때 처음 해봤습니다. 설악산 울산바위, 경주 불국사, 포항에 있는 포항제철이 행선지였지요. 지금 돌이켜보면 이 수학여행이 그나마 삭막한 고등학교 시절에 오아시스 같은 추억을 선물해주었던 것 같습니다.

대학에 다닐 때는 시대 상황이 여행을 허락하지 않았습니다. 해외여행 자유화 이전이었고, 배낭여행을 사치라고 여기던 시절이었습니다. 하 수상한 시절인데다가 주머니 사정도 여의치 않았지요.

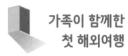

가족이 함께한 첫 해외여행 여행다운 여행은 결혼 후 신혼여행으로 간 제주도가 처음이었나 봅니다. 아이들이 생기고는 휴가철마다 산과 계곡을 찾기는 했지만 아이들 건사하랴, 빠듯한 살림 꾸려가랴 해외여행은 꿈도 꿀 수 없는 일이었지요.

저 자신은 젊은 시절에 여행을 많이 못 다녔지만 적어도 우리 아이들에게만큼은 기회를 많이 마련해주고 싶었습니다. 안식년에 들어가면서 가장 먼저 우리 가족의 첫 해외여행을 추진했지요. 막내 우근이가 일곱 살이 되고, 장애 진단을 받은 지 3년째 되던 해의 일이었습니다.

처음에는 이 여행에 막내 우근이는 당연히 제외였습니다. 시도 때도 없이 사라지는 우근이의 돌출행동을 생각하면 여행이 아닌 '파행'이 될 게 분명하니까요. 어머니와 누나에게 우근이를 돌봐달라고 부탁하고 첫째와 둘째만 데리고 가는 4인 가족여행을 준비했습니다.

그런데 출발을 몇 주 앞두고 아내가 갑자기 마음을 바꿨습니다. '우근이만 어머니께 맡겨두고 여행을 떠날 수 없다.'는 거였지요. 참 난감했습니다. 명색이 가족여행인데 우근이에 아내까지 빠지면 무슨 의미가 있겠습니까? 며칠을 고민한 끝에 전 우리 가족의 첫 해외여행에 우근이도 함께 데려가기로 결심했습니다.

아내는 여행 가방을 챙기면서 우근이의 가방은 물론 입을 옷과 휴대품에 전화번호와 이름을 새기기 시작했습니다. 옷에는 다림질을 하면 접착되는 스티커를 붙이고, 나머지 물품에는 칼라시트를 오려서 이름과 연락처를 적어 붙였지요. 여행 중에 우근이가 사라지는 만일의 사태에 대비해 우리 부부의 연락처라도 새겨두어야 했습니다.

이렇게 해서 우리 가족의 첫 해외여행이 시작됐습니다. 목적지는 미국과 캐나다 서부였습니다. 밴쿠버 여행 중 하루는 캐나다로 이민 간 동료 장애아 부모의 초대를 받아 그 집을 방문하기도 했습니다. 이 부부는 밴쿠버로 이민 간 다른 장애 가정의 이야기를 두루 들려주었는데, 그분들의 행복지수가 생각보다 높지 않다고 하더군요. 장애인 자녀는 비교적 만족하며 지내지만, 그 형제자매와 부모는 학교생활이나 직업에 적응하느라 어려움을 많이 겪는다고 했습니다.

결론적으로 말씀드리면, 우근이와 함께한 우리 가족의 첫 해외여행은 대성공이었습니다. 여행을 마치고 한국에 돌아왔을 때 우근이는 물론이고 첫째와 둘째도 키가 훌쩍 크고 더욱 의젓해진 모습이었습니다. 어떻게 이런 일이 가능했을까요?

여행을 통해 발견한 우근이의 능력

사실 출발 직전까지 우리 부부는 노심초사했습니다. 처음 가보는 외국에서는 더욱더 우근이를 감당할 수 없으리라고 생각했지요. 여행 중에 무슨 일이 생길지 모른다는 각오를 단단히 하고 공항을 향해 출발했습니다.

그런데 이게 웬일입니까. 그날따라 공항 로비에 과자를 봉지째 들고 먹으면서 지나가는 외국인들이 눈에 띄게 많더군요. 평소 우근이는 과자 먹는 사람을 보면 당장 쫓아가 자기도 과자를 달라고 두 손을 내미는 아이였지요. 그런데 이상하게도 그날은 과자 먹는 외국인들을 가만히 지켜보기만 하더군요. 집에서와는 너무나 다른 모습에 아내와 저는 놀란 나머지 서로를 꼬집으며 이게 꿈인지 생시인지 확인하기까지 했습니다.

우근이가 우리 부부를 놀라게 하는 일은 여행 기간 내내 계속됐습니다. 평소에 우근이는 눈 깜짝할 사이에 우리 시야에서 사라지는 아이였습니다. 공원이나 동네 산책 도중에 어쩌다 한눈을 팔면 순식간에 사라져서 우근이를 찾아 헤맨 적이 한두 번이 아니었지요. 집에 있다가도 어느 틈에 밖으로 사라져서 아파트 관리실을 통해 안내방송을 한 것도 수차례. 오죽하면 365일 온 가족이 촉수를 세우고 우근이의 행동거지를 살펴야 할 정도였습니다.

한데 이상했습니다. 공항에 도착하는 순간부터 이런 모습이 온데간데없이 사라졌습니다. 스스로 형들과 엄마·아빠의 손목을 꼭 잡고 붙어 다니기 시작했고, 심지어 형들이 대열에서 이탈해 멀리 떨어지면 얼른 달려가 직접 손목을 잡아 끌어오기도 했습니다.

우근이는 가는 여행지마다 형들보다 더 모범을 보여주었습니다. 그동안에 했던 위험한 돌출행동이 여행 내내 언제 그랬냐는 듯 사라졌습니다. 그런 우근이를 보면서 저와 아내는 '어쩜 이렇게 행동이 순식간에 달라질 수 있을까?' 하면서 감탄을 연발했습니다.

첫 해외여행을 통해 우리 가족이 깨달은 게 있습니다. 우근이를 바라보는 우리 시선에 문제가 있다는 것이었지요. 사실 우근이 입장에서 보면 그동안에 했던 행동이 그리 이상한 게 아니었을 겁니다. 집이나 학교, 동네는 너무나 익숙한 자기 영역이고, 그러다 보니 가보고 싶은 곳을 가보고 하고 싶은 일을 한 것뿐이지요. 그런데 부모 눈에는 그게 '탈선'과 '실종'으로 비쳤던 겁니다. '우근이는 장애가 있으니까 우리 시야에서 사라지면 안 돼. 정해진 시간과 장소를 이탈하면 위험하니까 그런 행동은 하지 못하게 해야 해.' 이렇게만 생각했으니까요.

물설고 낯선 곳으로 떠나는 해외여행에서 우근이는 집과 동네에서 하던 버릇을 전혀 보여주지 않았습니다. 익숙한 동네와 낯선 동네를 구분해서 대처하는 능력이 있었던 거지요. 이때부터 우근이에 대한 믿음이 생겼습니다. 우리 눈에는 사라진 것처럼 보일지라도 우근이는 스스로 하고 싶은 일을 하고 나서 언젠가는 우리 곁으로 돌아온다는 사실을 깨닫게 된 겁니다. 이렇듯 '여행'이라는 체험을 통해 우리 가족 모두가 한 뼘 훌쩍 성장할 수 있었습니다.

'여행의 힘'을 경험한 우리 가족은 3년 후 겨울방학을 이용해 호주와 뉴질랜드에 다녀왔습니다. 우근이가 초등학교 입학을 앞둔 시점이었지요. 이때는 우근이의 능력을 믿었기에 부담 없이 떠날 수 있었습니다. 3년 전 미국과 캐나다 서부 여행 때처럼 우근이는 두 형의 손을 꼭 잡고 우리 곁을 떠나지 않았습니다. 눈에 거슬리거나 모난 행동도 하지 않고 여행의 모든 일정을 소화했습니다. 덕분에 가족 모두가 겨울에 떠난 여행에서 남반구의 여름을 만끽하는 행운을 누렸습니다.

**국제 미아가
되다?** 다시 3년 후, 이번에는 유럽자동차여행을
준비했습니다. 우근이가 초등학교 4학년,
더 이상 우근이와의 동행이 두렵지 않았습니다. 그런데 막상 출발 날
짜가 다가오자 좀 걱정이 되었습니다. 유럽은 장거리 비행을 해야 하
는데, 우근이가 비행 중에 주특기인 알 수 없는 혼자말로 소리를 내
서 주위 사람들에게 피해를 줄까 봐 걱정이 되더군요.

궁리 끝에 미리 동네 떡집에서 먹기 좋게 자른 흰 가래떡을 맞췄습
니다. 그동안 여행하면서 기내에서 먹기에 가장 좋은 간식이 가래떡이
라는 걸 알고 있었거든요. 비행기에 탑승하자마자 앞뒤 좌석을 포함
하여 주변 분들에게 우근이를 소개하고 인사시켰습니다.

"우근이는 자폐성 장애가 있습니다. 비행 중에 혼잣말로 떠들 수도
있습니다. 널리 이해해주시면 고맙겠습니다."

이렇게 양해를 구하고 미리 준비한 가래떡을 간식으로 나누어 드렸
지요. 주위 분들은 기꺼이 그러겠다고 했습니다. 덕분에 우근이가 조
금 떠들긴 했지만 열 시간이 넘는 비행을 무사히 마쳤습니다.

이 여행에서 우리 가족은 32일 동안 프랑스와 이탈리아, 스위스와
독일, 오스트리아와 체코, 벨기에와 룩셈부르크를 돌았습니다. 렌트
한 자동차 한 대에 5인 가족이 타고 다니면서 저녁이면 캠핑장에서 숙
식을 해결했지요. 아침과 저녁 식사는 캠핑장에서, 점심은 차 안이나
관광지에서 아침에 미리 준비해둔 빵과 음료로 해결했습니다. 집에서

준비한 각종 밑반찬과 취사 도구가 이민 가방으로 서너 개가 훌쩍 넘어 차 트렁크를 가득 채웠습니다.

주요 관광지에 도착해서는 대중교통을 이용하거나 도보로 다녔습니다. 열두 살이 된 우근이는 이번에는 두 형의 손을 잡고 다니진 않았습니다. 가족들과 적정한 거리를 유지하며 함께 다니다가 호기심 가는 것이 있으면 우리 손을 끌어당기곤 했지요.

그런데 파리에서 몽마르뜨 언덕을 갔을 때 갑자기 우근이가 보이질 않았습니다. 여행 중에 처음 일어난 일이라 무척 당황했습니다. 주변을 둘러보았지만 찾을 수 없었지요. '지금까지 잘 따라다니더니 결국 파리에 와서 국제 미아가 되는구나.' '도대체 혼자서 어디를 간 걸까? 화장실을 갔나?' 답답할 노릇이었지만 달리 방법이 없어 우리 가족은 그 자리에 주저앉아 넋을 잃고 있었습니다.

30분 정도 지났을까? 어디선가 낯익은 소리가 들려왔습니다. 우근이가 내는 특유의 소리였지요. 우근이가 저만치서 우리를 향해 오고 있었습니다. 저는 달려가 우근이를 덥석 끌어안았습니다.

"그래, 우근이가 궁금한 게 있었구나. 그래서 혼자 다녀온 거지?"

그 후로도 우근이는 프라하의 까를교에서 또 한 번 사라졌습니다. 까를교도 워낙 유명한 관광지라서 북적거리는 관광객들 사이에서 우근이를 쉽게 찾을 수가 없었지요. 그래도 한 번 경험한 일인지라 우근이가 돌아오리라는 확신을 가지고 기다렸습니다. 그 믿음대로 우근이는 10~20분 후에 우리 앞에 다시 나타났습니다.

여행의 진정한 힘　우리 가족은 여행하는 동안 철저하게 분업체제였습니다. 큰 아들은 공간 지각력이 뛰어나 지도를 보며 목적지까지 가는 길을 척척 안내해 우리의 길잡이가 되어주었습니다. 둘째 아들은 마트에서 장을 볼 때 야채 등을 저울에 잰 후 가격 스티커 붙여오는 걸 도맡아 했습니다. 캠핑장에서 망치나 도구를 빌려야 할 때 관리실에 다녀오는 일도 척척 해냈습니다. 의사소통에 자신 없어 하는 형을 대신해 짧은 영어로 그 상황을 훌륭하게 해결해주곤 했지요. 막내 우근이는 텐트를 고정하는 망치질, 침낭과 잠자리 펴고 정리하기, 수돗가에서 물 떠오기 같은 잔심부름 등을 척척 해냈습니다.

아이들이 집에서는 귀찮아하고 피하던 일을 여행 중에는 스스로 나서서 기꺼이 즐겁게 해내는 모습이 참 대견스러웠습니다. 부모가 이래라 저래라 시키지도 않았는데 자기 몫을 찾아 스스로 해내려고 하는 자세는 어디서 나오는 걸까요? 아이들 스스로가 즐겁다 보니 모든 일을 숙제가 아닌 자신의 몫으로 받아들여서 그런 게 아닐까요? 저는 이런 것이야말로 여행의 진정한 힘이라고 생각합니다.

등산, 주말농장, 캠프

우근이는 사내아이라서 그런지 어릴 적부터 유난히 바깥 활동을 좋아했습니다. 집에 가만히 있기보다는 밖에 나가 노는 걸 아주 좋아 했지요. 그런 아이가 장애 진단을 받고 나서는 엄마 손에 이끌려 매일 치료실 순례를 해야 했으니 자연히 스트레스가 늘 수밖에 없었지요. 이때 제가 해줄 수 있는 일은 주말마다 우근이를 데리고 야외로 나 가는 것이었습니다. 자전거도 타고, 공원 산책도 하고, 배드민턴도 치 고, 수영 강습을 끊어 함께 수영장에 다니기도 했습니다.

주말이면 등산도 자주 갔습니다. 적어도 한 달에 한 번은 꼭 우근 이와 함께 서울 근교에 있는 산을 올랐습니다. 우근이는 초등학생 때부터 웬만한 산은 정상까지 올랐습니다. 초등 고학년이 되면서는 저 를 멀찌감치 따돌려서 제가 따라가기 바쁠 정도가 되었지요.

가끔은 우근이가 저를 멀찌감치 따돌리고 먼저 산을 올라가다가 시야에서 완전히 사라지곤 합니다. '이러다 산에서 미아가 되는 건 아닐까?' 하고 또 걱정이 올라오지만 그러기도 잠깐. 한참을 올라가면 우근이는 쉼터 의자가 있는 곳에 앉아 저를 기다리고 있었지요.

등산 하다
사라진 우근이
한 번은 등산 도중에 우근이가 사라져서 다섯 시간 만에 찾은 일이 있습니다. 우근이는 그때 고등학교 2학년이었지요. 그날은 제 친구까지 셋이서 산행에 나섰는데, 저와 친구는 멀찍이 앞서가는 우근이 뒤를 따라가며 열심히 이야기를 나누었습니다. 그러다 어느 순간 주위를 둘러보니 앞서가던 우근이가 보이질 않더군요. '조금 가다 보면 어디선가 쉬고 있겠지.' 30분 정도 더 올라가니 갈림길이 나타나더군요. 그곳에 있는 쉼터를 둘러봤는데 왠일인가요? 우근이가 없었습니다. 두 갈래로 난 길 중에 어느 길로 갔는지도 알 수가 없었지요.

먼저 하산하는 방향으로 한참을 내려가봤지만 우근이는 보이지 않았습니다. '그럼 정상 가는 길로 올라갔겠지?' 발길을 돌려 산 정상쪽으로 다시 한 시간을 넘게 올라갔지만 흔적도 없더군요.

안 되겠다 싶어서 휴대전화로 우근이에게 전화를 걸었습니다. 여느 때처럼 받기는 하면서도 대답 없이 끊어버리더군요. '일단 정상까지 가보자. 그러면 만나겠지.' 계속 산을 올랐지만 가도 가도 우근이는 보이지 않았습니다. '산 속에서 길을 잃은 건 아닐까?' 이러다 산짐승이라도 만나게 된다면 어쩌지?' 정상에 도착했지만 거기에도 우근이는 없더군요. 불안과 걱정이 스멀스멀 온몸을 휘감았습니다.

다시 전화를 걸었습니다. 이번엔 누군가가 우근이의 휴대전화를 대신 받더군요. 산 밑에서 농장을 운영하는 농장 주인이었습니다. 그분 얘기를 들어보니, 우근이가 하산 길을 통해 내려가다가 그분 농장을 발견하고는 거길 갔나 봅니다. 저는 안도의 한숨을 내쉬었습니다. 농장 주인은 자신이 경찰에 신고했으니 곧 경찰이 도착할 거라고 했습니다. 저는 경찰관과 연락해서 '우근이가 파출소로 가 있으면 그리로 데리러 가겠다.'고 했습니다. 이렇게 해서 하산 후 무려 다섯 시간 만에 우근이와 상봉할 수 있었습니다.

**주말엔 농장,
방학 땐 캠프** 우리 가족은 국내 여행도 자주 다녔습니다. 막내 우근이가 태어나고부터는 더욱 열심히 다녔지요. 도심에서 살다 보니 방학 때만이라도 아이들에게 자연이 주는 선물을 체험하게 해주고 싶었습니다.

삼 형제가 한창 자라던 초등학생 시절에는 산과 들, 강과 바다가 아이들의 놀이터였습니다. 엄마·아빠의 고향이 시골이다 보니 가족 모임도 당연히 시골에서 자주 가졌습니다.

주말농장도 빼놓을 수 없는 놀이터였습니다. 우근이가 장애 진단을 받고서 자연과 더욱 가깝게 지내게 해주고 싶어 주말농장을 시작했지요. 집에서 차로 30분 거리에 있는 산 자락에 농장이 있다는 걸 알고 그곳의 땅 열 평 정도를 임대해서 농사를 짓기 시작했습니다.

상추와 파, 오이와 방울토마토, 배추 등 채소를 길렀고, 주말이면 농장으로 지인과 친척을 초대해 삼겹살 파티도 열었습니다. 우근이는 흙과 물, 햇볕을 친구 삼아 뒹굴고 뛰며 놀았습니다. 두 형도 농장에서는 우애를 발휘해 우근이를 챙겨주며 함께 자연을 만끽했지요. 이렇게 우리 가족은 주말농장을 5년 동안 이어갔습니다.

우근이는 각종 캠프와 체험 활동에도 빠짐없이 참가했습니다. 초등학교에 입학하면서는 여름방학마다 〈도깨비 캠프〉에 참가했습니다. 〈특수교사놀이연구회〉에서 장애·비장애 초등학생을 대상으로 진행하는 이 캠프를 우근이는 한 해도 거르지 않고 참석했습니다. 둘째와 함께 참석했던 한두 번을 제외하고는 3박4일의 일정을 혼자 힘으로 감당해냈습니다.

중·고등학생 때는 매년 여름 〈사단법인 몸짓과 소리〉에서 주최하는 여름캠프에 참석했습니다. 이 캠프에서는 발달장애 청소년을 대상으로 각종 체험 활동과 악기 연주 발표회를 진행하는데, 부모도 함께 참석해서 나름의 힐링 시간을 가질 수 있었지요.

우근이는 초·중·고등학교를 일반 학교에서 다니면서 수련회 등을 통해 다양한 세상을 체험했습니다. 이를 통해 어려서부터 집과 부모의 품을 떠나 다녀오는 여행에 익숙해졌습니다.

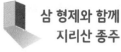

삼 형제와 함께
지리산 종주

우근이가 중학교 1학년이 되던 해 여름,
저는 아들 삼 형제와 함께 지리산 종주에
나섰습니다. 중학교에 진학해서 새로운 환경에 적응하느라 애쓴 우근
이에게 뭔가 선물을 해주고 싶은 마음에 계획한 여행이었지요. 서울
근교에 있는 산만 다녀본 우근이에게 지리산의 장엄한 장관과 등산의
진수를 맛보게 해주고 싶다는 욕심도 있었습니다. 덤으로 우근이가
사춘기의 넘치는 에너지를 마음껏 발산하기 바랐습니다.

저는 첫째와 둘째에게도 함께 가자고 설득했습니다. 인터넷에 들어
가 지리산 대피소에 숙소를 예약하고 먹을거리와 취사 도구, 옷가지
등을 챙겨 각자 배낭을 짊어지고 출발했습니다.

우리 삼부자는 용산역에서 구례구행 무궁화호 기차에 몸을 실었습
니다. 막내 우근이는 모처럼 타본 기차가 신기한지 기차 객실과 객실
사이를 왕복하더니 화장실까지 들락날락하더군요. 첫째와 둘째도 덩
달아 좋아했지요. 엄마를 빼고 삼부자가 여행을 떠나는 건 처음이었
으니까요. 우리는 준비해간 간식은 물론이고 객실을 도는 판매원에게
군것질거리도 사 먹으면서 즐거운 시간을 보냈습니다.

어느덧 구례구역에 도착한 우리 삼부자는 택시로 성삼재 주차장까
지 이동했습니다. 거기서 배낭을 메고 노고단 대피소까지 걷기 시작했
지요. 우근이는 아빠와 등산을 자주 해본 터라 곧잘 걸었습니다. 오
순도순 이야기를 나누며 한 시간을 걷고서야 대피소에 도착할 수 있

었지요. 숙소에 짐을 풀고 저무는 해를 바라보며 준비해간 식재료와 취사 도구로 밥을 지어 먹는 재미가 쏠쏠했습니다.

등산객이 많아 우리 삼부자는 출입문에서 가까운 곳 1층에 나란히 누웠습니다. 우근이는 집에서 그랬듯, 잠을 쉽게 못 이루고 중얼중얼 소리를 내며 뒤척였습니다. 다른 등산객에게 피해를 줄까 봐 무척 신경이 쓰였지요. 다들 내일 새벽같이 일어나서 등산에 나설 분들이니까요. 바로 제 옆에 누운 우근이를 달래며 조용히 잠들라고 채근했더니 그럴수록 더 소리를 내며 깔깔거리더군요. 다행히 우근이가 떠드는 소리에 아랑곳없이 여기저기서 코 고는 소리가 들려왔습니다.

다음날 새벽, 동이 트기 전에 일어나 아침 식사를 해 먹고 종주에 나섰습니다. 꼬박 12시간을 넘게 걸어 밤 8시가 되어서야 세석 대피소에 도착했지요. 아들 셋은 널브러져 일어날 줄 몰랐습니다. 저녁을 먹은 후 곧바로 잠자리에 들었지요. 우근이도 소리를 내며 뒤척이는가 싶더니 전날과 달리 금세 곯아 떨어졌습니다. 다음 날 삼부자는 장터목 산장을 거쳐 천왕봉에 올라 정상을 정복한 기쁨을 함께했습니다. '아, 해냈구나!' 하는 성취감이 몰려왔습니다.

우근이를 위한 여행

우근이가 고등학교 3학년이 되었을 때 저는 다시 한 번 지리산 종주 여행을 계획했습니다. 삼 형제와 함께 지리산을 종주한 지 5년만의 일이었지요. 그때와 다른 점이 있다면, 이번에는 저와 우근이 단 둘이 떠나는 지리산 종주라는 겁니다.

당시 우근이는 한창 사춘기 몸살을 앓고 있었습니다. 지난 번 종주 때는 본격적인 사춘기도 아니었고, 첫째와 둘째도 함께해서 큰 두려움 없이 떠날 수 있었지요. 이번에는 우근이가 돌발행동을 예전보다 더 자주 하는 터라 과연 끝까지 잘해낼 수 있을까 좀 걱정이 되더군요. 그래도 이번 여행이 우근이의 과도한 사춘기 행동을 어느 정도 해소해주리라는 기대감을 안고 길을 나섰습니다.

5년 전에는 일정이 너무 빠듯하고 힘들었던 탓에 대피소에서 3박을 하는 일정으로 여행 계획을 짰습니다. 시간적으로는 한층 더 여유로웠지만 대신 짐은 더 늘었지요. 처음에는 크고 무거운 배낭을 제가 멨습니다. 하지만 출발하는 날 집에서 지하철역까지 걸어가는데 어깨가 빠질 것 같더군요. 안 되겠다 싶어 우근이에게 배낭을 바꾸자고 했습니다. 조금 미안하긴 했지만 이제 우근이도 성인이니 제몫을 해야 한다고 생각했습니다.

**우근이와
단 둘이
지리산 종주** 우근이는 여행 내내 불평하거나 힘든 기색 없이 무거운 배낭을 거뜬히 책임졌습니다. 어릴 적엔 무거운 가방을 맡기면 그냥 길바닥에 내려놓고 가던 아이였는데 말이지요. 이번엔 아들 잘 키운 보람을 톡톡히 느꼈습니다.

대피소에 무사히 도착해 식사 준비를 할 때도 우근이는 잔심부름을 척척 해주었습니다. 5년 전보다 훨씬 성숙한 모습을 보여주었지요. 그래도 한 가지 우려되는 게 있었습니다. 대피소는 많은 등산객이 취사하고 잠을 청하는 곳이라 밤 8시면 소등하고 모두 잠자리에 들어야 하지요. 그런데 우근이가 집에서처럼 잠을 자지 않고 대피소 안에서 불을 켜고 설치고 다니면 어떡하지 하고 걱정이 됐습니다.

그건 기우였습니다. 물론 소등 후 우근이가 슬며시 일어나 대피소 밖에 있는 화장실에 한두 번 들락거리긴 했습니다. 하지만 그런 다음 잠깐 뒤척이다가 곧바로 잠에 빠져들었지요.

둘째 날 저녁에는 대피소에서 우연히 자폐성 장애가 있는 아들과 함께 산행 온 아버지를 만났습니다. 그분은 서울 강남에 있는 한 교회 등산반에서 일행과 함께 왔다고 하더군요. 아들은 서른 살이며, 특수학교를 졸업한 후 집에서 지내면서 복지관과 교회를 다닌다고 했습니다. 동료 장애아 부모로서 많은 이야기를 나누고 싶었지만 대피소 여건상 그럴 수 없어 아쉬웠습니다.

우근이와 단 둘이 떠난 지리산 종주 코스는 5년 전과 똑같았습니다. 다른 점이 있다면, 하루에 10킬로미터 정도를 7~8시간 동안 걷는 일정이라 여유가 있다는 것이었지요. 저녁 식사 때면 다른 등산객들과 주거니 받거니 소주도 한 잔씩 기울였습니다. 우근이도 동석해 어른들이 주는 술을 한 잔씩 넙죽넙죽 받아 마셨습니다.

우리 집 삼 형제는 초등 고학년 때부터 술을 배웠지요. 제가 집에서 술을 한잔할 때면 아들에게 직접 술을 권했습니다. 저 역시 초등학교 시절에 아버지의 막걸리 심부름을 하면서 술을 배웠거든요. 술은 부모에게 배워야 제대로 즐길 수 있다는 게 저의 신념이기도 했습니다.

저와 우근이 단 둘이 지리산 종주를 거뜬히 해내고 나니 마음이 뿌듯했습니다. 어릴 적에는 다람쥐 같아 보이던 우근이는 이제 산을 타는 모습이 제법 듬직한 산악인처럼 보였습니다. 거기다가 이번엔 아빠 대신 무거운 배낭까지 책임졌지요. 이제부터 매년 한 번씩 지리산 종주를 하자고 우근이와 약속했습니다.

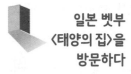
일본 벳부 〈태양의 집〉을 방문하다

우근이가 중3이 되던 해에 저는 〈한국장애인부모회〉가 개설한 '장애인부모동료상담사 양성교육' 과정에 등록했습니다. 이 교육 과정은 〈사회복지공동모금회〉의 지원으로 〈한국장애인부모회〉와 삼육대학교가 함께 진행했습니다. 장애아 부모는 자녀의 장애 진단과 그 후 양육 과정에서 많은 어려움을 겪게 마련이지요. 이분들에게 동료 장애아 부모로서 상담을 통해 위로와 힘을 북돋을 수 있다면 좋겠다는 생각으로 도전하게 되었습니다. 특히 아버지들과 상담할 수 있는 기회를 얻어 저의 경험과 노하우를 전해주고 싶은 욕심도 있었지요.

'장애인부모동료상담사 양성교육' 일 년 과정을 이수한 후에는 교육에 참가한 장애아 부모 전원이 일본 열도를 구성하는 네 개의 섬 가운데 가장 남쪽에 위치한 섬, 규수로 기념 여행을 가기로 했습니다. 마침 우근이가 중학교 졸업을 앞두고 있던 터라 졸업 선물 삼아 우근이도 데려가기로 했습니다. 다른 분들의 장애 자녀도 두세 명 동행했지요. 우근이로서는 가족과 함께 유럽자동차여행을 다녀온 후 6년 만에 나선 해외 나들이였습니다. 더구나 일본 여행은 처음이었지요.

일행 모두가 아이의 미래를 고민하는 부모인지라 다 함께 일본 벳부에 있는 장애 관련 시설을 찾아가보기로 했습니다. 장애인을 위한 직업 시설이자 재활시설인 〈태양의 집〉을 방문하여 오전 10시부터 담당자의 설명을 들으면서 천천히 시설을 둘러보았습니다.

장애인이 일하고 생활하는 시설인 〈태양의 집〉에는 8개의 회사가 입주해있었습니다. 소니, 미쓰비시, 혼다, 오므론 등 일본의 대기업과 〈태양의 집〉이 공동으로 투자해 설립한 회사인데, 장애인 1천200여 명을 고용하고 있었습니다. 휠체어에 몸을 의지한 지역의 중증장애인들이 각종 생산라인에서 기계 부품을 조립하거나 제품을 포장하는 작업에 열중하고 있는 모습이 아주 인상적이었습니다.

〈태양의 집〉에서 운영하는 대형 마트에도 많은 장애인이 고용되어있었습니다. 이곳에서 일하면서 〈태양의 집〉 안에 있는 생활시설에서 거주하는 장애인들도 있지만, 대부분은 지역에서 출퇴근하는 장애인이라고 하더군요.

〈태양의 집〉은 1965년에 나카무라 유타카 박사(1927년~1984년)가 세웠다고 합니다. 유타카 박사는 정형외과 의사로 장애인의 사회 참여를 위해 전 생애를 바쳤다고 하더군요. "세상에 장애인은 있어도, 일에서는 장애가 있을 수 없다. 보호보다 기회를!"이라는 이념을 앞세우고 일본을 대표하는 대기업과 제휴하여 공동출자회사를 만들었다고 합니다. 그 결과 많은 중증장애인을 고용하고, 장애인 스포츠의 발전을 위해 전력을 다했다고 하더군요. 〈태양의 집〉은 일본 내에 3개의 본부를 두고 있으며, 장애인 상담과 생활 지원 센터, 스포츠 시설, 치료보호 시설 등 다양한 복지 시설과 재활 프로그램을 갖추고 있었습니다.

〈태양의 집〉은 지역에 뿌리 내린 일본의 선진 장애인 복지시설입니다. 그곳에서 장애인들이 일도 하고 비장애인들과 함께 지역밀착형 공동체를 꾸려가는 모습은 아주 인상적이었습니다. 함께 간 부모들은 우리 자녀들이 이런 환경에서 일하면서 자립할 수 있기를 소망했지요. 또 그곳에서 장애인들이 직장을 얻어 자립하고 행복하게 살아가는 모습을 보면서 우리나라에서도 지역사회와 민간 기업이 합심하여 이 같은 시스템을 도입한다면 얼마나 좋을까 하고 생각했습니다.

저는 이 여행에서 우근이와는 전혀 다른 장애를 지닌 아이들의 부모들과 대화하는 기회를 가질 수 있었습니다. 같은 장애아 부모라고 해도 시각장애나 청각장애 자녀를 둔 부모들의 고민과 사연은 제게도 생소하고 낯설었습니다. 이 여행에서 나눈 대화는 저의 장애 인식에 새로운 지평을 열어주었습니다.

여행을 통해 성장하다 여행은 나를 키우는 힘이지요. '아는 만큼 보이고, 보는 만큼 느낀다.'는 말처럼 여행은 인생을 풍부하게 만드는 기회가 되기도 합니다. 여행을 통해 한 뼘 한 뼘 성장하는 자기 자신을 발견할 수 있으니까요. 특히 우리 가족에게 여행은 우근이 안에 숨겨져 있던 놀라운 재능을 발견하는 기회이기도 했습니다.

저는 우근이가 여행을 통해 부쩍 성장했다고 자부합니다. 우근에게 어린 시절의 여행은 정서를 풍요롭게 하고 넓은 세상을 경험하는 기회가 되어주었지요. 사춘기를 겪으며 힘들어할 때는 억눌린 욕구를 해소하고 새롭게 충전할 수 있는 계기가 되었습니다. 무엇보다도 세상에서 당당하게 홀로 살아갈 수 있다는 자신감을 얻을 수 있었습니다.

이렇듯 여행은 아이들의 성장에 풍부한 자양분을 제공합니다. 우리 가족은 그래서 여행만큼은 자주 다니려고 노력했습니다. 시간과 경제적 여유가 충분해서 그랬던 건 아닙니다. 다만 아이를 키우면서 해야 할 모든 일 가운데서 '여행'을 최우선 순위에 두었을 뿐이지요.

여행은 몸과 마음이 성장하는 훌륭한 '길 위의 학교'입니다. 학교를 의미하는 영어 'school'의 어원은 '여유', '여가'라는 뜻을 지닌 고대 그리스어 'scole(스콜레)'에서 유래했다고 합니다. 말하자면 여가 시간에 할 수 있는 여행과 놀이, 스포츠와 독서, 토론 등을 통해 자기수양을 했다는 의미이지요. 일만 하는 게 미덕이던 과거 산업사회에서 일과 놀이의 조화를 중요시하는 여가사회로 바뀐 오늘, 여행의 의미를 다시 한 번 곰곰이 곱씹어보지 않을 수 없습니다.

장애 자녀가 학교생활과 학습을 따라가지 못하면
부모는 그 모습을 보면서 스트레스를 받습니다.
하지만 그건 어쩌면 부모만의 욕심일 수도 있습니다.
그보다는 부족하면 부족한 대로 넘치면 넘치는 대로
장애 자녀와 비장애 학생들이 서로 부대끼며
함께 생활해보는 경험이 훨씬 더 중요합니다.
우근이가 성인이 되어 세상에 나갔을 때
비장애인과 마주하고 서로를 이해하고
관계 맺는 데 밑거름이 되어줄 테니까요.
그런 기회를 빼앗을 권리는 아빠인 저에게도
없다고 생각합니다.

3장

불편해도
괜찮아

장애아와 통합교육

초등학교
입학이냐, 유예냐

우근이는 여섯 살이 되면서 집에서 멀리 떨어진 G어린이집을 다녔습니다. 우리 동네에서는 장애·비장애 아동을 통합보육하는 기관을 찾을 수 없었기 때문입니다. 장애가 있다는 이유로 우근이를 특수교육 기관에만 다니게 할 수는 없다는 게 우리 부부의 생각이었지요. 다행히 아내가 발품을 팔아 백방으로 정보를 얻은 덕분에 좀 멀기는 하지만 통합보육을 하는 G어린이집을 찾을 수 있었습니다.

처음에는 정원이 꽉 찬 상태라서 일단 '대기자 명단'에 우근이의 이름을 올리고 대책 없이 기다려야 했습니다. 그러다가 누군가 개인적인 사정으로 입학을 포기하는 바람에 기회가 온 것입니다.

G어린이집에서는 장애·비장애 어린이가 자연스럽게 한 교실에서 생활했습니다. 모든 반에 장애 아동 전담 교사를 두고 물심양면으로

장애 아동을 지원해서 부모로서는 아주 만족도가 높았습니다. 우근이는 기대 이상으로 G어린이집에서의 생활을 즐겁고 알차게 보냈습니다. 편식이 심해서 밥 먹는 시간에 고생을 좀 했지만 말이지요.

입학 시기를 두고 논쟁을 벌이다

2년 동안 G어린이집을 다니면서 우근이는 만 7세가 되었고, 드디어 취학통지서가 날아왔습니다. 우리 부부는 대부분의 장애아 부모가 그렇듯, 우근이의 초등학교 입학을 앞두고 고민에 빠졌습니다. 우근이를 제 나이에 입학시킬 것인가 아니면 입학을 일 년 유예할 것인가? 그리고 일반 초등학교에 보낼 것인가 아니면 특수학교에 보낼 것인가?

아내는 말 한마디 제대로 못하고 큰 소리가 나면 깜짝깜짝 놀라는 마음 약한 아이가 어떻게 학교생활을 해나갈까 걱정이 되었나 봅니다. 어느 날 제게 이렇게 말하더군요.

"우근이를 초등학교에 입학시키기엔 준비가 너무 안 된 것 같아요. 입학을 일 년 유예하면 어때요?"

아내는 우근이가 일 년이라도 더 변화하고 성장한 뒤에 입학하면 학교생활에 잘 적응할 수 있다는 입장이었습니다. 저는 아내의 걱정이 지나치다고 생각했습니다.

"난 우근이가 초등학교 생활에 충분히 적응할 수 있다고 믿어요. 그냥 보냅시다."

지금 당장은 좀 부족하더라도 일단 입학하면 또래 친구와 선생님의 노움으로 함께 적응하면서 커나갈 수 있다는 게 제 입장이었지요.

"당신도 지난번에 C초등학교에 가서 상담해봤잖아요? 특수학급 선생님들은 비전공자 출신인데다 다른 업무를 보느라 바쁘고, 학교는 신축 공사로 시끄럽고 환경도 좋지 않잖아요. 거기다 특수학급에 장애아는 거의 없고 학습장애아만 있던데, 그런 상황에서 우근이 수준에 맞는 교육이 되겠어요? "

"나도 그걸 부정하는 건 아니에요. 다만 모든 조건과 상황이 완벽하게 갖춰져 있기만 바랄 순 없다는 거죠. 일단 다니면서 개선할 게 있으면 건의해야죠. 그러다 보면 학교가 변화될 수도 있는 건데요."

"우근이는 지금 계속 크고 있어요. 하루하루가 결정적 시기라고요. 그런데도 우근이에게 불리한 환경을 굳이 고수할 필요가 있나요? 당신, 부모로서 너무 한가한 거 아니에요?"

아내는 우근이가 키도 좀 더 클 겸 입학을 일 년 유예하고 그동안에 다닐 다른 교육기관을 찾아보자고 주장했습니다. 저는 부족하면 부족한 대로 학교를 변화시키고 새로운 환경을 만들어가야 한다고 맞섰지요. 여간해서는 목소리를 높이지 않는 아내가 발끈하더군요.

"세심한 배려 없는 물리적 통합은 아무 의미가 없어요. 그냥 아이들 사이에 섞여서 이리 쏠려 다니고 저리 쏠려 다니는 것 말고 무슨 의미가 있겠어요?"

"통합이 꼭 의도된 교육만으로 효과를 보는 건 아니죠. 눈치껏 따라 하기, 줄서기, 앉기, 기다리기 이런 게 얼마나 중요한데요."

"당신이 뭐라고 해도 난 이번만큼은 양보 못해요."

아내는 자기주장을 굽히지 않았습니다. 우근이의 초등학교 입학을 유예하고 다른 교육기관을 알아보겠다고 단호하게 잘라 말하더군요. 이렇게 해서 우리 부부는 수개월 간의 논쟁 끝에 초등학교 입학 '유예'라는 선택을 했습니다.

 초등 입학을 유예하다 문제는 그 다음이었습니다. 입학을 유예한 우근이가 일 년 동안 다닐 교육 기관을 찾는 게 급선무였습니다. 당장 어린이집을 졸업하면 우근이가 마땅히 갈만한 곳이 없었으니까요.

우선 집 근처에 있는 유치원을 찾아가 상담했습니다. 우리 동네에 있는 유치원에는 대부분 장애 아동을 지원하는 전담 교사가 없더군요. 장애 아동을 실제로 교육시켜본 경험도 없다 보니 우근이를 맡겠다고 선뜻 나서는 곳이 없었지요. 설령 받아준다고 해도 한 반에 서른 명 가까이나 되는 원생을 교사 한 명이 맡아서 이끌어가는 상황이라서 우리 부부로서도 고민이 될 수밖에 없었습니다.

우근에게는 세심한 돌봄이 필요하다고 생각하는 아내는 쉽게 결정을 내리지 못했습니다. 지푸라기라도 잡고 싶은 심정으로 우리 부부는 아파트 단지 안에 있는 어린이집을 찾아갔습니다. 원장님을 만나

그간의 사정을 이야기하니 의외로 선뜻 우근이를 맡겠다고 나서더군요. 우리야 그저 고마울 따름이지요. 무엇보다 우리 집에서 엎드리면 코 닿을 거리에 있어서 무슨 일이 생기더라도 언제든 달려가 대처할 수 있어서 더욱 좋았습니다.

나중에 알고 보니 우근이가 다시 어린이집에 다닐 수 있었던 데는 그럴 만한 이유가 있었습니다. 당시만 해도 장애·비장애 아이들이 함께 다니는 통합형 어린이집이 드물었습니다. 대부분 장애 아동은 치료실을 전전하며 가족의 돌봄을 받는 처지였지요. 그러자 정부와 지자체가 장애아를 통합보육하는 기관이나 유치원에 각종 지원을 하기 시작했습니다. 장애아를 위한 전담 교사를 채용할 경우 인건비 등을 지원하고 평가에서도 가산점을 주면서 상황이 많이 개선되었지요.

요즘은 많은 어린이집에서 장애 아동 부모에게 아이를 맡겨달라고 먼저 요구하기도 합니다. 초등학교 입학을 유예해서라도 일 년간 맡겨달라고 요청하는 경우까지 있습니다. 장애 자녀를 잘 교육시켜 초등학교에 적응할 수 있도록 해주겠다고 부모를 설득하는 거지요.

어쨌든 이렇게 해서 우근이는 3년 째 어린이집을 다니게 되었습니다. 우근이가 어린이집에 등원하면 어린 동생들이 형, 오빠라고 부르면서 몰려들었고 조잘대면서 관심을 보였습니다. 동생들 머리 위로 불쑥 우근이만 솟아있는 모습이 좀 우스꽝스럽더군요.

그 상황을 지켜보면서 우근이의 입학을 유예한 것이 과연 잘한 결정인지 계속 의문이 들더군요. 우근이가 처음 접하는 학교생활에 적응하지 못할까 봐 걱정하는 아내 마음은 이해합니다. 하지만 우근이의 장애 특성에 맞는 상황과 조건이 갖춰져 있지 않다는 이유로 자꾸 입학을 미루면 나중에는 학교생활에 적응하기가 더 힘들 수도 있습니다. 가능하면 또래와 함께 다니면서 부족한 부분이 있으면 학교에 요구하고, 그래도 안 되면 거기에 맞게 대책을 강구하는 게 더 현명한 방법이라는 게 제 생각입니다.

입학 시기는 내 아이에 맞게 결정해야

우근이는 일 년을 더 어린이집에서 지내고 난 뒤 초등학교에 입학했습니다. 아내의 걱정과 달리 나름 학교생활에도 잘 적응했습니다. 10분 정도 걸리는 등굣길도 한두 번을 빼고는 별 탈 없이 잘 다녔고, 통합반 교실도 잘 찾아갔습니다. 수업에도 큰 어려움 없이 참여해서 선생님들도 우근이가 잘 적응하고 있다고 칭찬을 아끼지 않았지요.

이 모든 게 아내가 생각한 것처럼 우근이가 일 년 동안 더 변화하고 발전하고 난 뒤에 입학한 덕분인지는 정확히 알 수 없습니다. 물론 저야 우근이가 제 나이에 입학했어도 잘 적응했으리라고 믿어 의심치 않지만 말입니다.

장애 자녀가 학교생활과 학습을 따라가지 못하면 부모는 그 모습을 보면서 스트레스를 받을 수 있습니다. 하지만 그건 어쩌면 부모만의 욕심일 수 있습니다. 그보다는 부족하면 부족한대로 넘치면 넘치는 대로 장애 자녀와 비장애 학생들이 서로 부대끼며 함께 생활해보는 경험이 훨씬 더 중요합니다. 그런 경험이야말로 장애 자녀에게도, 그리고 비장애 학생들에게도 미래에 각자가 살아가는 인생에 커다란 자산이 될 수 있으니까요.

장애 자녀를 제 나이에 곧바로 초등학교에 입학시키는 게 반드시 좋다는 얘기는 아닙니다. 많은 장애아 부모가 맞닥뜨리는 초등학교 입학 시기의 문제는 아이의 상황을 고려해서 결정하는 게 가장 좋습니다. 지금까지 제 경험으로는, 어느 쪽으로 결정하든 둘 다 나름 장단점이 있기 때문에 무엇이 더 좋고 더 나쁘다고 말할 수 없다는 생각입니다.

결국 자녀를 가장 잘 아는 부모의 선택에 달렸습니다. 자녀에 맞는 현명한 선택을 하는 것이 무엇보다 중요합니다.

학교생활에서
아빠 역할은 최소화

우근이는 집에서 가장 가까우며 두 형이 다니고 있는 C초등학교에 배정을 받았습니다. 일 년 늦게 입학을 해서 자기보다 한 살 어린 동생들과 함께 학교를 다니게 되었지요.

입학식 날, 우근이는 엄마, 아빠, 할머니와 함께 학교에 갔습니다. 하지만 다음날은 저와 함께 단 둘이 등교했지요. 그날 학교까지 걸어 가면서 저는 우근이에게 신호등을 보고 건널목 건너는 법, 자기 반 교실 찾아가는 법 등을 가르쳤습니다. 1학년 교실 반 팻말을 가리키며 이곳이 우근이가 앞으로 공부할 교실이라는 사실도 반복해서 알려주습니다. 혼자 교실에서 자기 자리를 찾아 앉을 수 있도록 차근차근 설명도 덧붙였습니다. 하지만 여기까지였습니다. 그날 이후로는 저는 더 이상 우근이의 등굣길을 따라나서지 않았습니다.

학교생활을 지원하는 원칙

저는 우근이를 초등학교에 입학시키면서 학교생활을 뒷바라지 하는 원칙을 세웠습니다. 바로 '학교생활은 우근이 스스로 한다'는 거였지요. 그렇게 하려면 당장 등·하교부터 우근이 혼자 해야 했습니다.

등교 첫날에는 제가 함께 갔지만, 그 다음날부터는 둘째가 등교할 때 우근이도 함께 보냈습니다. 우근이와 한 살 터울인 둘째는 당시 우근이가 입학한 C초등학교 3학년에 다니고 있었지요. 둘째에게 우근이가 학교까지 잘 가는지 봐달라고 부탁해놓고 내심 불안했지만 일단은 우근이를 믿어보기로 했습니다.

우근이는 형을 앞서거니 뒤서거니 하면서 학교에 도착해 스스로 자기 반 교실을 잘 찾아가 자리에 앉았습니다. 하교도 우근이 혼자 했습니다. 수업을 마치면 학교 앞 어린이집에 들러 방과후 교실에 참여한 다음, 그 어린이집 차량을 이용해 집으로 돌아왔지요.

다음으로 제가 한 일은 3월 중순에 열리는 학부모총회에 참석하는 것입니다. 총회가 끝나고 담임선생님께 부탁해 같은 반 학부모님들에게 우근이에 대해 소개하는 시간을 가졌습니다. 자신의 자녀가 속한 학급에 장애를 지닌 우근이가 함께 다니고 있다는 사실을 통합학급 학부모님들이 알고 계시는 게 중요하니까요.

"우근이는 자폐성 장애가 있습니다. 자기 의사표현을 말로 잘 하지 못하고, 상대방과 눈 맞춤도 잘 못합니다. 또 소리를 내면서 돌아다니는 특성이 있습니다. 아마도 일 년 동안 함께 생활하면서 반 친구들이 우근이를 불편하게 느낄 수도 있을 겁니다. 이럴 경우 학부모님들께서 자녀에게 우근이의 장애 특성을 잘 설명해주시고 서로 이해하고 배려할 수 있도록 지도해주시면 고맙겠습니다."

이렇게 우근이를 소개하면서 저 또한 우근이가 학급 생활에 잘 적응할 수 있도록 최선을 다해 노력하겠다고 다짐했습니다.

아빠의 역할은 여기까지였습니다. 그밖에 우근이의 학교생활은 선생님과 친구들을 믿고 개입하지 않았습니다. 물론 개별화교육 계획을 수립하는 기간이나 학부모 상담 기간을 통해 선생님과의 소통은 적극적으로 하면서 말이지요. 저는 이 원칙을 우근이가 초등학교에 입학해서 고등학교를 졸업할 때까지 변함없이 지켜왔습니다.

우근이 혼자 등·하교하기

우근이의 학교생활에서 아빠의 역할을 최소화해야 한다는 저의 신념은 우근이의 어린이집 생활을 뒷바라지하면서 얻은 깨달음에서 비롯됐습니다.

당시 우근이가 다녔던 G어린이집은 집에서 먼 거리에 있어서 늘 승용차를 타고 오가야 했습니다. 어린이집이 주택가에 있어서 차를 공원 근처 주차장에 대고 걸어가야 했지요. 이때 공원을 통과해 걷다 보면 장애 자녀를 데리고 등원하는 엄마들을 만나곤 했습니다. 그런데 그 엄마들은 한결같이 아이의 손을 꼭 잡고 걷거나 아예 아이를 등에 업고 다니더군요. 아이 혼자 충분히 걸을 수 있고 시간도 넉넉한데 말이지요. 그런 모습을 보면서 좀 답답했습니다.

그 일을 계기로 저는 우근이를 뒷바라지하는 원칙을 하나 세웠습니다. '함께 걸을 때 절대 우근이의 손을 잡아주지 않는다.'고 말입니다. 손은 잡지 않되 한 걸음 정도 앞서거나 뒤서거니 하는 거지요. 혹시 우근이가 넘어지거나 다른 길로 가면 스스로 일어날 때까지 기다려주거나, 가야 할 방향을 일러주고는 뒤따라가곤 했습니다.

우근이는 길을 가다 물웅덩이가 있으면 신발을 신은 채로 첨벙첨벙 헤집기도 하고, 관심 있는 물건을 발견하면 걸음을 멈추고 탐색하기도 하고, 차도와 인도 사이의 턱을 한 발씩 번갈아 내딛으며 뒤뚱뒤뚱 걷기도 했습니다. 또 골목 상점에 들어가 과자를 골라 계산대 위에 올려놓고는 사달라며 제 눈치를 살폈습니다.

등원 시간은 다 되어가는데 우근이가 여기저기 한눈을 팔고 기웃거릴 때면 답답하고 짜증이 났지요. 하지만 참고 기다렸습니다. '어린이집에 좀 늦으면 어때.' 하면서 인내심을 갖고 기다리다 보면 우근이 스스로 다시 갈 길을 가곤 했습니다.

우근이가 초등학교 입학을 유예하고 집 근처 어린이집을 다닐 때는 가까운 거리라서 당연히 우근이 혼자 등원하게 했습니다. 이러던 것이 초등학교를 입학한 후에 '혼자 등·하교 한다.'는 원칙으로 이어진 것입니다. 단 등교 지도를 하는 학기 초 하루 이틀은 예외지만 말이죠.

사실 우근이 혼자 등·하교를 하면서 이런저런 사건·사고가 있기는 했습니다. 등·하굣길에 골목길이 아닌 큰 길로 다니다가 우근이가 차도로 뛰어든 적도 있고, 학교에 가다가 말고 난데없이 골목길에서 땅바닥에 드러누워 한참동안 하늘을 올려다보다가 다시 학교에 가는 일도 있었습니다. 그 바람에 지각을 해서 담임선생님을 걱정시키는 것은 물론이고, 손에 든 신발주머니를 수시로 잃어버리기도 했습니다. 때론 이러다가 큰 사고를 당하지는 않을까 불안하고 걱정됐지만 그래도 원칙을 포기하지는 않았습니다. 이런 고비를 넘겨야 우근이 스스로 뭐든 해낼 수 있는 능력이 생긴다고 믿었으니까요.

학교와 선생님을 믿다

우근이는 자폐성 장애 특성상 수업 시간에 이상한 소리를 내거나 끊임없이 손을 흔들며 교실을 돌아다닐 가능성이 높았습니다. 우근이의 학교생활에서 아빠 역할을 최소화하려면 이런 일로 학교에서 연락이 올 경우를 대비하지 않을 수 없었지요.

우선 입학 전에 학교를 찾아가 특수학급 선생님과 상담하면서 우근이의 장애 특성에 대해 알려드렸습니다. 또 선생님의 연락처와 이메일 주소를 미리 확보하여 우근이의 장단점을 적은 자기소개서 〈송우근이는요…〉를 보내드리기도 했습니다. 이 자기소개서는 해마다 내용을 업데이트해서 새 학년 담임선생님께 보내드렸습니다.

우근이는 초등 1학년 때부터 특수학급에 편성되었고 개별 지원을 받았습니다. 통합학급 담임선생님과 특수학급 선생님이 서로 협력하면서 우근이에게 최적의 학습 환경을 만들어주셨지요. 좋은 친구들과 선생님들이 우근이의 장애 특성을 이해하고 배려해주어 통합학급 생활에도 큰 무리가 없었습니다. 덕분에 우근이는 초등 저학년부터 고학년까지 통합교실에서 특별한 사건·사고 없이 잘 지냈습니다.

그밖의 돌발 상황은 학교와 선생님을 전적으로 믿고 맡겼습니다. 우근이의 등교가 늦어지거나 체육대회 날 잠깐 사라져서 연락이 오는 경우에도 제가 나서기는 하되 최소한의 지원에 그쳤습니다. 가능한 한 학교 안에서 해결 방안을 찾을 수 있도록 믿고 지켜보는 것으로 만족했습니다. 이러다 보니 특별히 선생님을 찾아뵙거나 상담할 사안이 많지 않아서 제가 학교에 갈 일이 거의 없더군요.

그렇다고 해서 제가 우근이의 학교생활에 무관심했던 건 아닙니다. 첫째가 C초등학교에 입학할 때부터 해왔던 학교운영위원회 학부모위원 활동은 꾸준히 이어갔습니다. 학교운영위원회를 통해 학교의 전반적인 업무를 파악하고 심의하는 일을 했지요.

저는 우근이를 지원하는 것 못지않게 모든 아이가 행복한 학교를 만드는 데 중점을 두었습니다. 학교운영위원 회의 때마다 장애·비장애를 떠나 모든 학부모 입장을 대변하여 학교에 의견을 전달하기 위해 최선을 다했습니다. 이 역할은 첫째가 초등학교를 입학한 해부터 우근이가 고등학교를 졸업하는 해까지 한두 해를 쉰 것 빼고는 무려 17년 동안 이어졌습니다.

부모의 역할은 아이를 믿고 기다려주는 것

학령기에 접어드는 초등학교 1학년의 시작은 무척 중요합니다. 부모님들도 걱정을 많이 하는 시기이지요. 어떤 부모님들은 마음을 놓지 못하고 아이를 그림자처럼 따라다니기까지 합니다. 그러니 장애아의 부모는 그 심정이 오죽하겠습니까? 아이의 학교생활에 대해 모르쇠로 일관하기란 거의 불가능에 가깝지요.

문제는 아이를 위한다고 부모가 자꾸 나서면 아이가 스스로 할수 있는 기회를 빼앗게 된다는 것입니다.

예전에 발달장애인 그룹 홈에서 자원 봉사를 할 때의 일입니다. 당시 제가 맡은 역할은 일주일에 한 번씩 장애인 친구들과 함께 산행을 하는 것이었습니다. 인솔 교사 한 분이 맨 앞에 앞장서고, 저는 맨 뒤에서 따라가면서 두세 시간 정도 산을 올랐지요.

산행 당일 제가 그룹 홈에 도착하면 열댓 명의 장애인이 점심 식사를 마치고 외출 준비를 합니다. 그러면 생활 교사는 몇몇 장애인에게 운동화 신겨주랴, 길을 잃을 경우를 대비해 그룹 홈 이름이 새겨진 조끼를 입혀주랴 정신이 없었습니다. 그때마다 그곳 선생님들이 귀가 따갑도록 하는 이야기가 있었습니다.

"일주일 내내 함께 생활하면서 저희들이 이 친구들에게 혼자 신발신고 옷 입는 습관을 들여놓거든요. 주말에 집에 다녀오기만 하면 그습관이 다 무너져서 처음부터 다시 시작해야 합니다. 알고 보면 부모님의 과잉보호가 아이들의 자립심을 망쳐놓는다니까요."

그곳 친구들은 성인 발달장애인이었습니다. 수중에는 그룹 홈에서 생활하다가 주말이면 부모님 집에 다녀오는 친구들이 많았지요. 그때마다 부모님들이 예쁜 내 자식 왔다고 애 취급을 하면서 갖은 수발을 들어주니, 스스로 옷을 입고 신발을 신을 수 있는 친구들이 집에만 다녀오면 언제 그랬냐는 듯이 뒷짐만 지고 있다는 말이었습니다.

이 경험을 통해 저는 장애 자녀가 뭐든 스스로 해내는 걸 방해하는 사람이 다름 아닌 '부모'일 수도 있다는 걸 깨달았습니다.

학교생활에서도 마찬가지입니다. 아이들이 사회에 첫 발을 내딛는 초등 1학년 시기에 부모가 어떤 태도로 아이를 대하는가가 학령기 전체를 좌우할 수 있습니다. 아이에게 스스로 할 수 있는 기회를 주면서 그렇게 걱정할 필요는 없습니다. 장애아에게도 놀라운 적응 능력이 있기 때문입니다.

저는 학교와 선생님을 믿었고, 우근이를 믿었습니다. 첫째와 둘째가 초등학교 생활을 시작하면서 견지했던 태도를 막내 우근이에게도 그대로 적용했습니다. 설령 상황이 여의치 않을 때라도 최소한의 지원에 그치고 지켜보는 것으로 만족했습니다.

세 아들이 모두 학령기를 마친 지금, 저는 자신 있게 말씀드릴 수 있습니다. 부모가 할 일은 아이를 믿고 학교와 선생님, 친구들에게 무한한 신뢰를 보내는 것이라고 말입니다.

함께 만들어가는
통합교육

C초등학교에서는 매 학년 학기 초에 개별화교육 계획 회의가 열립니다. 이 자리에는 특수교사와 통합학급 담임, 학년 주임과 교감 선생님, 교장 선생님이 참석합니다. 특수학급에 편성된 장애 학생 학부모들도 함께 참석하여 일 년 동안 각 학생의 장애 특성을 고려하여 진행할 개별화교육 계획을 논의합니다.

이 시간을 통해 학부모들은 선생님들의 교육 계획을 전달받을 뿐만 아니라 자기 자녀의 장애 특성을 고려해달라는 다양한 요구를 학교 측에 전달합니다. 선생님과 학부모가 서로 얼굴을 맞대고 한자리에서 서로 의견을 나누는 소중한 자리에 저도 해마다 참석했습니다. 장애 학생이 즐겁게 다니는 학교를 만들기 위해서는 선생님과 학부모 간의 소통과 협력이 무엇보다 중요하니까요.

선생님과의 서신 교환

저는 개별화교육 계획 회의나 학부모 상담에는 꼭 참여했지만 그 외의 일로는 우근이 학교를 방문한 적이 거의 없습니다. 대신 담임선생님이나 특수학급 선생님과 꾸준히 서신(이메일과 손 편지)을 교환하면서 우근이의 학교 생활에서 일어나는 문제를 풀어나갔습니다. 솔직히 말하면, 우근이가 초등학교 저학년이었을 때는 이렇다 할 서신 교환 없이 지내온 것 같습니다. 본격적인 서신 교환은 우근이가 초등학교 졸업을 앞두고 사춘기 몸살을 하면서 시작되었지요.

아래는 우근이가 초등학교 6학년 겨울방학 때 사춘기 행동을 보이기 시작하면서 담임선생님과 주고 받은 서신 중에 하나입니다.

○○○ 선생님께.

요즘 우근이가 예전에 하지 않던 특이한 행동을 자주 합니다. 얼굴에 여드름 꽃이 핀 걸 보면 호르몬 변화로 나타나는 사춘기 몸살이 아닐까 싶은데, 선생님 생각은 어떠신지 궁금합니다.

요즘 우근이가 집에서 보이는 특이한 행동을 열거하자면 이렇습니다.

- 옷을 입은 채로 샤워기로 물을 끼얹은 다음, 옷을 벗어 던지고 몸을 씻습니다. 샤워할 때 주로 찬물을 씁니다. 몸에 열이 많이 나서 그럴까요?

- 요 며칠 사이 우근이가 샤워할 때 벗어놓은 팬티를 살펴보니 젖어

있더군요. 몽정을 한 것 같았습니다.

- 화장실에 볼일 보러 가는 횟수가 부쩍 많아졌습니다. 바지를 입은 채로 오줌을 지린 경우도 있었습니다.

- 집에서 입고 있던 옷차림 그대로 신발도 신지 않고 집밖으로 뛰어 나가서 소리를 지르며 아파트 앞마당을 한 바퀴 돌고 들어옵니다. 집에 있는 게 답답한 걸까요?

- 등교하다가 혹은 외출하다가 길가에 주차되어있는 차량을 보면 기어오르려고 합니다. 특히 눈이 오고 나서부터 더 그런 것 같네요.

- 밥그릇이나 컵 등 깨지기 쉬운 물건을 손에 들고 거실 바닥에 떨어 뜨립니다. 제지하지 않으면 그 행동을 무한 반복합니다.

이런 행동이 심해진 지 일주일 정도 됐습니다. 그동안 한두 가지 특이 한 행동을 반복하는 경향이 있기는 했지만, 이처럼 여러 가지 행동이 동시에 나타난 건 처음입니다. 사춘기 성장통이라고 해석되긴 합니다 만 옆에서 지켜보려니 걱정이 됩니다. 학교나 공공장소에서도 이런 행 동을 보이면 어쩌나 하고요.

우근이가 에너지를 발산할 수 있도록 요즘 야외활동에 집중하고 있습 니다. 등산도 자주 가고, 자전거 타기와 배드민턴 치기 등 다양한 운 동도 시도하고 있습니다. 얼마 전엔 아빠 친구들과 함께 북한산 둘레 길을 네 시간 이상 걷기도 했습니다. 우근이가 이런 과정을 통해 슬기 롭게 멋진 청소년으로 자라기를 기대해봅니다.

그럼 이만 줄입니다. 즐거운 하루되시길 바랍니다.

우근아빠 드림.

다음은 6학년 통합학급 담임선생님이 보내주신 답장입니다.

우근이 아버님께.

우근이의 근황을 자세하게 알려주셔서 감사합니다. 아버님 말씀대로 우근이도 다른 친구들처럼 사춘기가 시작되나 봅니다. 하지만 너무 염려하지 않으셔도 될 것 같습니다. 예전과 다른 행동을 좀 보이기는 하지만 걱정하실 정도는 아닙니다.

우근이가 학교에서 보이는 몇 가지 행동을 말씀드리자면,

우선 교실에서 창문을 열고 창턱에 걸터앉으려는 행동을 하루에도 몇 번씩 합니다. 저 말고 다른 선생님도 창턱에 앉아있는 우근이를 발견하고는 하지 못하도록 지도하셨다는 얘기를 오늘 들었습니다. 창턱에 앉는 것 정도는 괜찮지만 다리를 창밖으로 내놓는 행동은 위험하니 가정에서도 여러 번 타일러주세요.

또 우근이가 수업 시간에 자리에서 자주 일어났다가 앉고는 합니다. 제가 활동적인 수업을 하지 않아서 지루했나 봅니다. 엉덩이가 들썩들썩하더라고요. 교실에 있는 친구 모두가 들을 수 있을 정도로 큰 소리로 웃거나 소리를 내기도 합니다. 그래도 소리 내지 말라고 부탁하면 금방 조용해집니다.

마지막으로, 사춘기라고는 해도 특별히 이성에 대해 관심을 보이는 행동을 하는 건 아직 보지 못했습니다. 반 아이들도 우근이를 귀여워하고요. 자기들보다 나이가 한 살 많은 걸 아는데도 우근이가 귀엽답니다. 하긴 우근이 외모가 꽤 준수하기는 하지요.

아버님 말씀대로 우근이가 에너지를 발산할 수 있는 활동을 하는 게 좋을 것 같습니다. 운동도 하나의 방법이 되겠네요. 우근이가 네 시간 이상 북한산 둘레 길을 걸었다니 대단하다는 생각도 듭니다. 저는 운동에 대해서는 잘 모르지만, 우근이는 배드민턴에 소질이 있어 보여요. 지금처럼 새로운 경험을 계속 하다 보면 앞으로 더 잘할 수 있는 새로운 일을 발견하게 될지도 모르지요.

이제 우근이가 초등학교에 등교할 날도 며칠 남지 않았네요. 중학교에 올라가서도 좋은 친구, 좋은 선생님, 좋은 사람을 많이 만나고 건강하고 즐겁게 생활하기를 바랍니다. 그럼 또 뵙겠습니다.

담임 이○○ 드림

학령기에는 학교와 가정에서 하는 교육에 일관성이 있어야 합니다. 그러려면 교사와 학부모가 서로 소통하며 공감하는 것이 무엇보다 중요합니다. 어느 한쪽이 일방적으로 잘한다고 해서 될 일이 아니지요. 부모와 교사가 똑같이 아이를 대하는 태도에 일관성을 보일 때 긍정적인 효과를 얻을 수 있습니다. 학부모와 교사, 또래 친구들이 함께 만들어가는 통합교육 환경이 필요한 이유가 여기에 있습니다.

대화하고 설득하고 기다려주는 자세

우근이가 초등학교 2학년 때의 일입니다. 새 학기가 시작됨과 동시에 저는 담임선생님과 인사를 나누고 우근이 지도 문제로 상담했습니다. 그때 우근이의 장애 특성에 대해 선생님께 충분히 설명을 드렸지요. 또 1학년 때와 마찬가지로 같은 반 아이들에게 직접 우근이를 소개하고, 학부모 총회가 열리는 날에는 학부모님들께도 이해를 구했습니다.

그런데 어느 날 담임선생님이 상담을 요청하시더군요. 당장 학교를 찾아갔습니다.

"아버님, 우근이가 교실에서 너무 위험한 행동을 합니다. 쉬는 시간에 화분에 우유를 붓기도 하고, 갑자기 교실 창문 난간에 매달리기도 합니다. 이럴 땐 제 간담이 다 서늘해집니다. 제가 우근이만 챙길 수 없으니 부모님이 도와주셨으면 해서요."

"놀라셨겠네요. 제가 이미 설명드렸듯이 그건 우근이의 행동 특성입니다. 즉시 '안 돼!'라고 말해주시면 바로 그만둡니다. 난간에 매달리는 행동은 위험해 보이긴 합니다. 하지만 제 경험으로는 인내심을 가지고 좀 지켜보면 시늉만 하다가 저 스스로 내려옵니다. 처음이라 낯설고 힘드시겠지만 조금 지나면 익숙해지실 겁니다. 우근이가 교실에서 그런 행동을 하지 않도록 저도 나름대로 힘써보겠습니다."

그러고선 교실을 나섰지만 선생님의 얼굴이 굳어있어 마음이 좀 불편했습니다. 한 달쯤 뒤에 다시 연락이 왔습니다.

"우근이가 우리 반 수업에서 배울 게 없는 것 같아요. 옆 친구들도 좀 힘들게 하고요. 특수반에 주로 가 있게 하면 어떨까요?"

"그건 좀 곤란합니다. 우근이가 수업 시간에 뭔가를 배우는 것보다 친구들과 어울려 함께 지내는 것 자체가 의미 있다고 생각합니다. 친구들 또한 우근이를 통해 남을 배려할 줄 아는 아름다운 가치를 배울 수 있을 테지요. 부정적으로만 볼 것이 아니라 긍정적인 면을 보려고 노력해주시면 좋겠습니다."

나는 선생님께 협조할 건 했지만 아니다 싶은 내용은 단호히 아니라고 말씀드렸습니다. 동시에 선생님 입장에서 그분의 생각과 행동을 이해하려고 노력했습니다. 선생님이 우근이의 특성을 이해하고 거기에 맞는 지도 방식을 찾을 때까지 기다렸습니다. 다행히 시간이 지나면서 우근이를 대하는 선생님의 태도가 조금씩 달라지더군요.

여차저차 한 학년이 무사히 지나갔습니다. 학년을 마칠 무렵 담임선생님과 상담을 했습니다.

"제가 교직 경력은 오래되었지만 우근이와 같은 장애 아동을 지도해본 경험이 없어서 많은 시행착오를 겪었던 것 같습니다. 아이들이 우근이를 기꺼이 돕는 모습을 보면서 많은 것을 배우고 깨닫게 되었습니다. 반 아이들이 잘해주어서 우근이가 일 년을 잘 보낼 수 있었던 것 같습니다."

저 듣기 좋으라고 하신 말씀인지는 모르겠지만 기분이 나쁘지는 않았습니다. 아내는 "우근이 초등학교 2학년 때가 가장 힘들었어요."라고 토로하지만, 저에게는 의미 있는 한 해로 기억에 남아있습니다.

서뿐 아니라 많은 상애아 부모들이 아이를 키우면서 상애에 대한 이해가 부족한 분들을 종종 만나게 됩니다. 이럴 때는 그 상황을 회피하거나 상대에게 맞추려고 하기보다는 끊임없이 대화하고 설득하려는 노력이 필요합니다. 화를 내고 상대를 배척하기보다는 인내하며 기다려주는 자세가 필요하지요.

물론 장애 자녀가 교육의 기회를 박탈당하거나 부당한 대우를 받았을 때는 당당히 부모의 목소리를 내야 합니다. 하지만 이런 경우에도 조금 여유를 갖고 대처해야 합니다. 아무런 대화나 설득의 과정 없이 문제를 외부화시키면 오히려 상황이 더 악화될 수 있습니다. 자녀를 위해 좋은 교육 환경을 만들기는커녕 아이만 피해를 보는 결과를 낳을 수도 있으니까요.

믿는 만큼
성장하는 아이들

우근이는 초등학교를 무난히 졸업하고 중학교에 진학했습니다. 중학생이 되어 교복도 입게 되었지요. 교복을 입은 우근이 모습은 정말 의젓하고 멋져 보였습니다.

중학교 첫 담임 조회가 있던 날, 저는 담임선생님께 학생들에게 우근이에 대해 소개할 시간을 달라고 부탁했습니다. 초등학교 때는 부모님이 모이는 학부모총회에서 했지만, 중학교에서는 학부모님들의 총회 참석률이 떨어지기 때문에 반 아이들에게 직접 우근이가 특수교육 대상자임을 알리기로 했습니다. 반 친구들도 이제는 우근이를 친구로서 이해하고 배려할 수 있는 나이가 되었다는 판단도 있었습니다. 또한 중학교에서는 담임선생님이 한 교실에 머무르지 않다 보니 학급 생활에서 무엇보다 친구들의 역할이 중요하다고 보았지요.

"우근이는 자폐성 장애가 있습니다. 수업 시간에 우근이가 소리를 내거나 일어나서 돌아다닐 수도 있습니다. 그때마다 '우근아, 안 돼!' 라고 하면 바로 알아듣고 자리에 앉습니다. 여러분이 우근이의 특성을 이해하고 배려해주면 좋겠습니다."

이런 내용으로 5분 정도 우근이를 소개하니 반 친구들이 '걱정하지 마세요.' 하는 눈빛을 보내주더군요. 그 사이에도 우근이는 책상 위에 놓여있던 칫솔을 들고 이 닦는 시늉을 하고 있었습니다. 뒤에 앉아 있던 친구가 보더니 자연스럽게 우근이를 데리고 나가 화장실로 안내하더군요. 제가 고맙다고 인사하자 그 아이는 우근이랑 C초등학교 5학년 때 같은 반이어서 우근이를 잘 안다고 했습니다. 그 순간 '통합교육의 힘'을 다시 한 번 느꼈습니다. 또 그 친구가 참 대견하고 고마웠습니다.

다시 도전한 혼자 등교하기

입학식 다음날, 저는 우근이를 먼저 등교시킨 후 뒤를 따라 나섰습니다. 6년 동안 한 학교를 다니다가 어느 날 갑자기 학교가 바뀌고 등굣길이 바뀌었으니 혹시나 하는 마음에 따라나선 것이지요.

우근이는 벌써 시야에서 사라진 지 오래. 학교에 도착하니 입학식 때 뵈었던 특수교사 한 분이 교문 지도를 하다가 "우근이는 잘 와서 방금 들어갔습니다."라고 전해주시더군요. 저는 속으로 '음~, 첫 등교인데도 혼자서 교실을 잘 찾아갔구나.' 하며 1학년 1반 교실로 올라갔습니다. 그런데 우근이가 안 보이더군요. 반 아이들에게 물어보니 아직 안 왔답니다. 다른 교실에 가 있는 게 분명했습니다.

일단 특수학급 교실로 가서 기다렸습니다. 한참 후 우근이가 보조교사와 함께 특수학급 교실로 뛰어들어왔습니다. 1학년 1반은 3층 세 번째 교실인데, 우근이가 4층 세 번째 교실에 가 있더랍니다. 입학하고 첫날이라 그 반 아이들도 서로를 몰라서 우근이의 존재를 알고 안내해준 친구가 없었던 거지요. 그러다가 우근이가 화장실을 다녀오는 도중에 보조 교사와 마주친 겁니다.

'우근이가 건물 층수를 헷갈려 하는구나.' 저는 우근이를 데리고 다시 본관으로 가 층수를 교육시키고 1학년 1반 교실을 찾아가는 연습을 반복시켰습니다. 다음부터는 헤매지 말고 잘 찾아가야 한다고 당부하는 것도 잊지 않았습니다. 그래도 마음이 놓이지 않아 그날 저녁 집에서도 통합학급 교실을 정확하게 찾아가도록 반복해서 연습을 시켰습니다.

다음 날 아침, 같은 C중학교 3학년인 둘째에게 우근이와 함께 가면서 교실을 잘 찾아가는지 봐달라고 부탁하고 싶은 생각이 간절했습니다. 하지만 그러지 않기로 했습니다. 초등 시절을 거쳐 오면서 우근이는 늘 기대 이상으로 잘해주었습니다. 비록 학교가 바뀌고 환경도 낯설겠지만, 중학교에 올라가서도 계속 잘해낼 거라고 믿기로 했습니다.

저는 우근이를 둘째보다 먼저 등교시켰습니다. 대신 특수학급 선생님에게 '우근이가 교과서를 잔뜩 짊어지고 혼자 등교했습니다.'라고 문자 메시지를 보냈지요. 우근이가 오지 않으면 진화를 하시겠지 했는데, 다행히 9시가 넘어도 전화기는 잠잠했습니다.

등교 첫날 층수를 헷갈려서 교실을 못 찾는 해프닝이 벌어지기는 했지만 이후로 우근이는 혼자서 자기 교실을 잘 찾아갔습니다. 아침마다 교복을 의젓하게 입고 가방을 메고는 현관문을 박차고 신나게 소리를 내며 나갑니다. 등교 전에 저는 매일 이렇게 묻습니다. "우근이 어디 가요?"라고. 그러면 우근이는 "C중학교 1학년 1반 교실 가요. 이 ○○ 선생님, 안녕하세요."라고 더듬더듬 복창을 하고는 문을 열자마자 신나게 뛰어갑니다. 교복을 입고 등교하게 되면서 중학생이 된 자신이 자랑스러운 모양입니다. 그 모습을 보면서 등굣길을 저렇게 즐겁게 나서는 중학생은 그리 많지 않을 거라는 생각이 들어 피식 웃음이 새어 나오곤 했지요.

**아이 혼자
할 수 있다는
믿음** 그러던 어느 날, 작은 사건이 하나 터졌습니다. 주말 특수학급에서 진행하는 도예 수업을 간 우근이가 학교에 도착하지 않았다고 선생님이 연락을 해온 겁니다. 그때 저는 지방에 일을 보러 가고 있던 중이었는데, 근심이 가득한 아내의 전화를 받고 나니 마음이 무거웠습니다. 그날은 비까지 많이 오는 터라 더욱 걱정이 되더군요.

다행히 10분쯤 지나 아내에게서 다시 전화가 왔습니다. 선생님의 연락을 받고 학교에 찾아갔다가 나오는 길에 그제야 학교 정문으로 들어서는 우근이를 발견했다고 하더군요. 우근이를 특수학급에 들여보내고 나오자마자 제가 걱정할까 봐 곧바로 연락을 한 겁니다.

그런데 아내가 도예 담당 선생님이 한 말씀이 마음에 걸린다고 하더군요. 선생님께서 "비가 많이 오는데가 바람까지 부는데 어쩌자고 우근이를 혼자 보내셨나요? 혹여라도 우산이 뒤집히거나 날아가서 우근이가 도로에라도 뛰어들면 어쩌시려고요?"라고 하셨다는 겁니다. 엄마가 당연히 우근이를 데려다주고, 수업이 끝난 후에도 데리러 오면 좋겠다는 의중을 내비치셨다는 것이지요.

전화를 끊고 곰곰이 생각해봤습니다. 사실 그동안에도 우근이를 혼자 등·하교 하게 하고 혼자 외출하도록 허락하는 우리 부부의 태도를 우려하는 분이 많았습니다. 심지어 불편해하는 선생님들도 계셨지요. 하지만 '구더기 무서워 장 못 담근다.'는 속담처럼 안전만 생각하다 보면 아이의 자율성을 키워줄 수 없고 계속 과보호만 하게 될 가능성이 크다고 생각합니다.

물론 학생의 안전을 걱정하는 선생님의 입장은 십분 이해가 됩니다. 부모 입장에서도 안전사고에 대한 두려움이 클 수밖에 없지요. 하지만 이런 상황을 무수히 많이 겪어오면서 우리 부부가 선택한 우근이에 대한 태도는 이렇습니다. '우근이에게 어떤 상황이 주어지든지 간에 반드시 부모의 도움이 필요할 때만 나서자. 웬만하면 우근이 혼자 자립적으로 행동하게 하고, 문제가 생겨도 스스로 대처할 수 있도록 최대한 기회를 주자. 안전에 대한 두려움 때문에 모는 상황에서 아이를 졸졸 따라다니는 것이 정답은 아니다.'라고요. 부모 자신부터 '자식이 홀로 설 수 있다.'는 믿음을 가져야 주위 분들도 그런 태도로 우근이를 대할 수 있을 테니까요.

일반 학교냐
특수학교냐?

중학교에서 무난히 적응하며 생활하던 우근이가 중3이 되면서 큰 과제가 생겼습니다. 고등학교를 어디로 진학할 것이냐 하는 문제였지요.

아내는 고등학교만큼은 우근이를 특수학교로 진학시키길 원했습니다. 일반 인문계 고등학교에서는 장애 학생에 대한 교육 지원이 제대로 이루어지기 어렵다고 판단한 것입니다. 저는 완강히 반대했습니다. 더디더라도 통합교육 현장에서 현실을 바꾸려고 노력하는 것이 좀 더 나은 미래를 만드는 길이라는 게 평소 제 신념이었으니까요.

우근이를 특수학교에 보낼 수 없다면 차라리 첫째와 둘째가 다니고 있는 〈풀무학교〉에 보내자고 아내는 주장했습니다. 〈풀무학교〉는 충남 홍성에 있는 작은 학교로, 농업과 인문교양 교육에 중점을 두고 있는 고등기술학교입니다. 전교생이 기숙사 생활을 하는데, 우근이

큰 형이 이 학교를 졸업했고 당시엔 둘째가 재학 중이었지요.

저는 특수학교 신학에는 반대했지만, 〈풀무학교〉 진학에는 동의했습니다. 첫째와 둘째가 기숙사 생활을 하며 훌쩍 성장하는 모습을 지켜봤기 때문에 〈풀무학교〉에 더욱 믿음이 갔습니다.

물론 부모와 떨어져 기숙사 생활을 하는 것이 우근이에게 힘든 도전이 될 수 있다고 생각했습니다. 첫째가 〈풀무학교〉에 다녔을 때도 다운증후군이 있는 여학생 한 명이 기숙사 생활을 했는데, 그 여학생 입장에서 그곳 생활이 쉽지만은 않았을 겁니다. 작은 학교이다 보니 한 가족처럼 생활해서 아직 어린 학생들에게는 그게 부담으로 작용하기도 했지요. 하지만 기회가 주어진다면 우근이도 충분히 도전해 볼 만하다고 보았습니다. 한편으로 우근이가 부모로부터 떨어져 생활해 볼 수 있는 좋은 기회가 될 수도 있었지요.

'좋다'면 무조건 지원하는 태도를 반성하다

그런데 예상치 못한 문제가 있었습니다. 우근이가 〈풀무학교〉에 입학하려면 부모의 거주지가 홍성 지역이어야 하더군요. 법률상으로 장애 학생은 전국에 있는 어느 학교든 선택해서 진학할 수 있기는 합니다. 하지만 해당 학교에 입학하기를 희망하는 특수교육 대상자가 정원을 초과한다면 문제가 달라집니다. 이 경우에는 거리 비례의 원칙에 따라 학교에서 거주지가 가까운 학생에게 우선권이 주어지지요.

우리 부부는 우선 그해에 〈풀무학교〉에 진학 의사를 밝힌 장애 학생이 몇 명이나 되는지 알아봤습니다. 이미 특수교육 대상자의 정원을 두 명 초과한 상황이더군요. 결국 우근이가 〈풀무학교〉에 입학할 수 있는 방법은 우리 부부가 거주지를 홍성으로 옮기는 것뿐이었습니다. 그런 다음 입학 지원서를 내고 결과를 기다리는 수밖에 없었지요. 아내는 직장이 걸려있으니 그럴 수 없고 제가 대신 내려가야 하는데, 이렇게 되면 우리 부부가 떨어져 살아야 한다는 결론이었습니다.

아내와 생이별을 해야 한다니 저는 마음이 내키지 않았습니다. 아내는 그게 무슨 대수냐고 전혀 개의치 않았지만, 전 생각이 달랐습니다. 아무리 우근이를 위한 일이라고 해도 '부부의 행복도 자녀의 행복만큼 중요하다.'는 게 저의 신념이었으니까요.

다른 한편으로는 우근이의 입학을 위해서 그렇게까지 해야 하나 하는 생각도 들었습니다. 물론 좋은 환경을 갖춘 〈풀무학교〉에 우근이가 입학하는 건 환영할만한 일이지요. 하지만 주소지까지 옮겨가며 입학하기를 원한다면 그 지역에 있는 다른 장애 학생이 기회를 잃을 수도 있었습니다.

저는 평소 '어디가 좋다더라.' 하는 소문만 듣고 무조건 지원하는 장애인 부모의 태도를 비판하는 입장이었습니다. 그런데 〈풀무학교〉 진학을 고민하다 보니 제가 바로 그 모습과 다를 바 없다는 생각이 들더군요. 당장 아내를 설득했습니다. 쉽지 않았지만 아내도 어렵게 동의해주어 우리 부부는 우근이의 〈풀무학교〉 진학을 포기했습니다.

다시 시작된
부부 논쟁 우리 부부의 고민은 더욱 깊어졌습니다.

이제는 일반 고등학교냐 특수학교냐를 결정해야 했는데, 또 다시 저와 아내의 의견이 팽팽히 맞선 것입니다.

저는 집에서 가까운 인문계 C고등학교로의 진학을 주장했습니다. 아내는 특수학교 진학의 뜻을 굽히지 않더군요. 고등학교 생활은 중학교와 다르다는 게 이유였습니다. 인문계인 C고등학교는 교육 환경이 입시 위주로 맞춰져 있어서 특수교육 대상자들이 설 자리가 좁다는 게 아내의 주장이었지요.

이대로는 안 되겠다 싶어서 저는 C고등학교 특수학급 교사에게 상담을 신청했습니다. 설명을 들어보니, C고등학교는 남녀공학인데도 특수학급만큼은 재학생이 백 퍼센트 남학생이라고 하더군요. 또한 모두 어느 정도 의사소통이 가능한 아이들이었습니다. 경계선급이거나 학습부진 학생들이 진학해서 학교생활을 하고 있었던 거죠. 우근이 정도의 장애가 있는 학생들은 대부분 특수학교로 진학한다는 말도 덧붙였습니다. 들어보니 아내의 주장에도 일리가 있었습니다.

우근이가 다니고 있는 C중학교 특수교사들과도 상담했습니다. 다들 C고등학교보다 특수학교 진학이 좋겠다는 의견을 피력하셨지요. C고등학교가 통합학교이기는 하지만 결국에는 우근이가 학교에서 전일제로 특수학급에서 지내게 될 것 같다는 겁니다. 어느 쪽이 진정 우근이를 위한 길인지 고민해보라고 조언해주시더군요.

내친 김에 자녀를 특수학교에 진학시킨 선배 부모들의 경험담도 들어봤습니다. 한 부모님은 이런 이야기를 해주시더군요.

"특수학교에서는 전문 교사가 맞춤 환경에서 장애 학생에게 최적화된 교육을 제공해요. 그래도 학교생활에 적응하지 못해서 힘들어하는 아이들이 많아요. 장애 학생들만 있는 집단에서도 소외되는 아이들은 늘 있게 마련이니까요. 특수학교 학생들은 대부분 집이 멀어서 오랜 시간 통학버스를 이용하는데, 선생님의 눈길이 잘 미치지 않는 통학버스 안에서 아이들끼리 서로 다투고 괴롭히기도 하지요."

이래저래 들어보니 장점도 있고 단점도 있더군요. 그래도 저는 C고등학교 진학을 포기하고 싶지 않았습니다. C고등학교는 집에서 가까워서 모든 환경이 우근이에게 익숙했지요. 또한 초등학교와 중학교를 함께 다녔던 친구들과 같은 고등학교에 다닌다는 건 우근이에게 아주 유리한 배경이라고 생각했습니다.

물론 우근이가 인문계 고등학교에서 얼마나 적응할지는 미지수였습니다. 대학입시를 향해 달려가는 친구들에게 무조건 배려와 협동을 요구할 수도 없는 노릇이지요. 교과과정이나 방과후 활동도 교과 학습 위주이다 보니 교사와 반 친구들의 관심과 배려가 덜 할 수밖에 없는 현실을 모르는 것도 아니었습니다. 우근이가 공부와 씨름하고 있는 친구들 주위에서 서성이는 게 과연 무슨 의미가 있을까 하는 생각도 해봤습니다.

하지만 이런 환경에서도 우근이가 잘 적응하고 한 교실 한 교정에서 친구들과 함께 호흡하고 존재한다는 것만으로도 큰 의미가 있다고 봤습니다. 초·중학교 시절에 비해 외롭고 힘든 여건일 수 있지만 이 또한 우근이가 성장하는 과정에서 거쳐야 할 관문이라고 본 겁니다. 왜냐하면 우근이가 고등학교를 졸업한 후에 살아갈 세상은 특수학교 환경과 전혀 다르니까요.

처음에 아내는 제 주장을 받아들이려고 하지 않았습니다. 거의 일 년에 가까운 시간을 두고 아내를 설득했습니다. 결국 우리 부부는 우근이를 C고등학교로 진학시키기로 결정했습니다.

피할 수 없다면 당당하게 마주하라

많은 장애아 부모가 통합교육을 열망합니다. 하지만 유치원과 초등학교까지는 몰라도 중학교로 올라가면 장애 학생을 만나기가 쉽지 않습니다. 고등학교는 말할 것도 없지요. 제 경험으로 보면 여학생은 대부분 특수학교를 진학해서 일반 고등학교 특수학급에서 여학생을 찾아보기가 하늘에서 별 따기만큼이나 어렵습니다. 당연히 그 원인이야 일반 학교에서는 장애 학생의 특성에 맞는 교육과 지원이 제대로 이루어지지 않기 때문이지요. 그렇다고 언제까지고 피해가야만 할까요?

부모 입장에서야 내 아이가 조금이라도 좋은 환경에서 교육받기를 바라는 게 당연합니다. 저도 특수학교가 장애 학생들에게 최적화된 교육과 여건을 제공한다는 데 동의합니다. 특수한 조건에서 보살핌을 받아야 할 장애 학생이 있다는 것도 압니다. 무엇보다 일반 학교에서 장애 학생이 비장애 학생들 사이에 섞여서 생활하는 게 쉽지 않다는 것도 잘 압니다.

아무리 그렇다고 해도 현실을 바꾸려는 그 어떤 시도도 해보지 않고 무조건 피하는 건 좋은 방법이 아니라고 생각합니다. 어차피 장애 학생들도 언젠가는 부모로부터 독립해서 살아갈 준비를 해야 합니다. 더구나 학령기를 마치고 아이들이 마주할 사회가 그렇게 호락호락하지 않습니다. 어릴 때부터 비장애 학생과 함께 생활하며 부대껴보는 경험이 중요한 이유가 여기에 있습니다. 비장애인들 사이에서 외로움도 느껴보고, 삭막한 입시에 시달리는 친구들 곁에 있어보기도 하고, 그들과 함께 지내보기도 하는 것이 오히려 장애 아이들이 사회성을 키우고 자립의 힘을 기를 수 있도록 돕는 방법이 아닐까요?

불편해도
괜찮아

우근이는 C중학교와 바로 이웃해있는 인문계 C고등학교로 진학했습니다. 듣던 대로 고등학교는 중학교와 달라도 많이 다르더군요. 특히나 인문계 고등학교이다 보니 입학식 첫날부터 오로지 대학 진학을 위한 학습을 강조했습니다. 첫째와 둘째를 〈풀무학교〉로 보낸 저에게는 무척 낯선 상황이었지요.

다행스러운 점은 C중학교를 졸업하고 우근이와 같은 C고등학교로 진학한 친구들이 많다는 겁니다. 덕분에 통합학급에서 많은 도움을 받을 수 있었지요. 통합학급 담임선생님 또한 중학교에서와 달리 아이들에게 직접 우근이를 소개해주었습니다. 중학교 때까지 제가 했던 일을 담임선생님이 해주니 훨씬 효과가 컸던 것 같습니다. 덕분에 우근이는 고등학교 생활을 어렵지 않게 시작할 수 있었습니다.

민원이 들어오다

이렇게 잘 적응했던 우근이가 고등학교 2학년 2학기 때 거리에서 대소변을 보려고 하는 행동을 보이기 시작했습니다. 사춘기가 절정에 이르면서 나타난 행동이었지요. 선생님께서 상담을 요청하시더니 저에게 우근이 하교 지도를 해달라고 하시더군요.

초등학교 시절부터 고등학교 1학년 때까지 크고 작은 사건사고가 있었지만 저는 등·하교는 우근이 혼자 하게 한다는 원칙을 고수해 왔습니다. 지금까지 잘 버텨왔는데 이제와 새삼 고2가 된 우근이에게 하교 지도를 해야 한다니 제가 느끼는 실망감은 이루 말할 수 없었지요. 그러나 어쩌겠습니까? 우근이의 사춘기 행동이 아빠 입장에서도 수용하기 힘들 정도이니 하교 지도 정도는 기꺼이 감내해야 했습니다.

다행히 겨울방학을 지나면서 상황이 좋아졌습니다. 개학 후 우근이는 다시 혼자 등·하교를 시작했습니다. 그런데 한두 주쯤 지난 어느 날, 하교 시간이 한참 지나서야 우근이가 집에 돌아오더군요. 잠시 후 특수학급 선생님이 전화를 주셨습니다. 학교 앞에 있는 교회에서 민원이 들어왔다고 하시더군요. 덩치 큰 남학생이 교회 화장실에서 혼자 큰 소리로 떠드는 모습을 교회 부설 어린이집 학부모들이 오가다가 본 모양이었습니다. 학부모들은 아이들이 그 모습을 보고 놀랄까 봐 교회 직원에게 대처해줄 것을 건의했고, 교회 측에서는 학교에 정식으로 민원을 제기한 겁니다.

선생님은 민원이 접수된 이상 학교에서 어떤 식으로든 조치를 취할 수밖에 없다는 입장을 피력하셨습니다. 다시 하교 지도를 해달라는 말씀이었습니다. 학교나 선생님 입장을 이해 못할 바는 아니어서 그렇게 하겠다고 했습니다.

등교 지도까지 하라고요?

그러던 어느 날, 이번에는 특수학급 선생님이 상담을 요청해오셨습니다.

"아버님, 우근이가 등교할 때 교무실에 들러 선생님들 물건(과자)에 손대고 있는 거 아시지요?"

우근이는 중학교 때부터 등교하면 교실뿐 아니라 교무실까지 돌아다니며 정수기에서 물을 받아 마시거나 선생님들 책상 위에 있는 과자를 집어먹곤 했습니다. 그런데 고3이 되어서도 같은 행동을 되풀이했던 모양입니다.

"저도 특수교사로서 그동안 우근이의 행동을 이해하고 수용해왔습니다. 하지만 내일부터라도 우근이가 교무실에 들르는 일이 없도록 아버님이 등교 지도까지 해주셔야겠습니다."

예상치 못한 요구에 저는 좀 당황했습니다. 그때까지 만난 선생님들은 대부분 우근이의 행동을 처음에는 낯설어하다가도 차츰 익숙한 일상으로 받아들이셨지요. 그런데 이번에는 상황이 좀 달라서 저는 조심스럽게 무슨 일인지 여쭤봤습니다.

"요즘 우근이가 등교하면서 2학년 교무실을 들러 선생님들의 업무까지 방해하고 있다고 해서요."

"그랬군요. 제가 담당 선생님을 찾아뵙고 양해를 구하겠습니다."

잠시 후 2학년 주임 선생님이 특수학급 교무실 문을 열고 들어오셨습니다. 그 선생님은 학교운영위원회의 때마다 만나는 교사 운영위원 중 한 분이셨지요. 구면이기도 해서 스스럼없이 우근이의 장애 특성을 설명하고 양해를 구했습니다. 그때마다 따끔하게 훈계하면 우근이가 금방 알아듣고 그만둘 거라고 말씀드렸지요. 주임 선생님께선 본인은 괜찮지만 함께 근무하는 선생님들이 불편해하시니 당분간 등교 지도를 해주는 게 좋을 것 같다고 하시더군요. 하는 수 없이 알겠다고 대답하고 상담을 마쳤습니다.

학교를 나서는데 마음이 심란했습니다. 초등학교 때도 하지 않았던 등교 지도를 하려니 왠지 허탈했습니다. 하지만 이미 한 약속이니 지킬 수밖에요. 당장 다음날부터 우근이의 등굣길을 따라나섰습니다. 미리 우근이에게 딴짓하지 말고 바로 교실로 가야 한다고 단단히 주의를 주었지요. 그래도 마음이 놓이지 않아 우근이가 2학년 교무실로 가지 않고 곧바로 교실로 가는 걸 확인한 후 돌아오곤 했습니다.

몇 개월 뒤, 등교 지도를 하면서 지켜보니 우근이가 더 이상 해찰하는 일이 없겠다는 확신이 들었습니다. 다시 등교를 우근이 혼자 하게 했습니다. 제 믿음대로 그날 이후 우근이가 등굣길에 교무실에 들러 선생님들의 책상을 기웃거리는 일은 더 이상 없었습니다.

**수학여행을
포기하는 게
어떨까요?** 매 학년 3월 중순이 지나면 학부모총회가
열리고 그 주부터 상담 기간이 시작됩니
다. 그해 3월에도 선생님과 상담 약속을 잡고 학교에 갔습니다.

"아버님, 이번에 저희가 2학년 수학 여행지를 조사했는데, 행선지가
제주도가 될 것 같아요. 그런데 특수학급 아이들은 우근이만 빼고
모두 강원도나 경주권을 선택했더라고요. 그래서 드리는 말씀인데요,
우근이가 제주도에 가게 되면 아버님이 함께 가주시는 게 어떨까요?
사실 저는 아버님 도움 없이 다녀올 수 있다고 교장 선생님께 말씀드
렸어요. 그런데도 교장 선생님이 아무래도 안심이 안 된다고 하시면서
우근이 아버님께 한 번 말씀드려보라고 하시더라고요."

저는 어떻게 대답을 해야 할까 잠시 고민했습니다. 수학여행지에서
우근이의 안전을 책임지는 일은 학교의 몫인데, 부모가 미안해하며
그 몫을 대신 떠맡을 수는 없다고 생각했습니다. 저는 선생님의 요청
을 완곡하게 거절했습니다.

이런 일이 있고 나서 며칠 후, 선생님이 다시 전화를 주셨습니다.

"아버님, 특수학급 학생들을 대상으로 제주도로 수학여행을 갈 경
우 참석할지의 여부를 다시 조사했는데, 세 명만 신청했어요. 제주도
에 가지 않는 나머지 학생들은 수학여행 기간 동안 등교하기로 해서
저와 보조원도 학교에 남게 됐어요. 그래서 우근이가 수학여행을 꼭
가야 한다면 아버님이 함께 다녀오셔야 할 것 같아요. 아니면 이번에

제주도에 안 가는 특수학급 학생들을 위해서 다양한 프로그램을 진행할 예정인데, 아쉽지만 이번 수학여행을 포기하는 건 어떨는지요?"

참 난감했습니다. 수학여행을 보내지 않자니 마음이 섭섭하고, 그렇다고 선생님이 이렇게까지 말씀하시는데 굳이 가겠다고 나서는 것도 좀 민망하더군요. 학교 입장에서도 어쩔 수 없는 상황인지라 하는 수 없이 그냥 포기하기로 했습니다.

내심 특수학급 학부모님들의 결정이 못내 아쉽기도 했습니다. 수학여행에게 가서 어려움을 좀 겪게 될지라도 선생님과 주위 친구들을 믿고 보냈더라면 더 좋지 않았을까요? 그럼 학교에서도 장애 학생뿐 아니라 주변 친구들이 불편해하지 않도록 최선을 다해 준비했을 겁니다. 고등학생 자녀가 평생 한 번 가는 수학여행의 기회를 날려버리지도 않았을 테지요. 이 일을 통해 장애 학생 부모가 통합교육 활동에 대해 보다 적극적인 자세를 갖는 게 필요하다는 걸 절감했습니다.

빛이 있으면 그늘도 있는 법　고등학교 1, 2학년을 거치면서 사춘기 몸살을 심하게 앓기는 했지만 우근이는 무난히 고등학교 생활을 헤쳐 나갔습니다. 고등학교 1학년 담임선생님이 들려주신 말씀은 이랬습니다.

"수업 시간에 일어나서 화장실에 다녀오고 교무실을 돌아다니는 우근이의 행동이 처음에는 또래 친구들이나 선생님들에게 낯설게 보이고 불편하게 느껴졌습니다. 하지만 시간이 지나면서 차차 자연스럽게 받아들여지고 있습니다."

얘기를 듣고 나니 친구들이나 선생님들 마음이 얼마나 고맙던지요.

우근이의 행동을 나쁘게 보자면 한이 없지요. 하지만 남에게는 문제로 보이는 그 행동들이 우근이에게는 자기만의 생존 방식이고 의사표현 방식입니다. 처음엔 익숙하지 않아 불편하고 거북할 수 있지만 조금 겪어보면 그렇게 심각한 행동이 아니라는 걸 알게 되지요. 또 이제 그 정도 불편은 포용하고 배려할 만큼 우리가 성숙한 사회로 나아가고 있다고 생각합니다.

고등학교 3학년이 되면서 우근이는 통합학급에서보다 특수학급에서 지내는 시간이 훨씬 많아졌습니다. 하지만 학교에서나 거리에서 우근이를 알아보고 말 한마디 건네주는 통합반 친구와 교사가 있다는 게 중요하지요. 그런 경험이 우근이가 세상에 나아가 비장애인과 마주하고 서로를 이해하고 관계 맺는 데 밑거름이 되어줄 테니까요. 그런 기회마저 빼앗을 권리는 아빠인 저에게도 없다고 생각합니다.

우근이의 사춘기 행동에 우리 부부는 조금씩 지쳐가기
시작했습니다. 선배 장애아 부모와 특수교육 전문가를 만나
의견을 구하기도 하고 전화로 상담도 했습니다.
"세월이 약이지요." 그때 들은 이야기 중에 가장
기억에 남는 말입니다. 우근이의 사춘기 행동이
당장은 우리 부부를 힘들게 하지만,
우근이 입장에서는 얼마나 자연스러운
현상인가요. 부모 속을 썩이려는 행동이
아니라 어른으로 성장하는 과정에서 겪는
고군분투라고 생각하니 새삼 우근이가
사랑스럽게 느껴졌습니다.

4장

누구나
부려야 할
'지랄 총량'이
있다

사춘기와 성장

질풍노도의 시기

누구나 사춘기를 겪습니다. 시기와 정도가 다를 뿐 장애·비장애를 가리지 않지요. 우근이도 열다섯 살, 초등학교 졸업을 앞두고 사춘기를 맞이했습니다. 그전까지만 해도 집안 심부름을 도맡아 하며 착하고 말도 잘 듣던 아이였는데, 갑자기 자기 색깔을 드러내며 특이한 행동을 보이기 시작했습니다.

"여보, 우근이가 지금 옷을 입은 채로 샤워를 하고 있어요."

어느 날 저녁, 집에 들어가니 아내가 뜻밖의 이야기를 하더군요. 욕실에 가보니 우근이가 벗어놓은 젖은 옷이 수북이 쌓여있었습니다.

그 후로도 우근이는 툭하면 옷을 입은 채 샤워기를 틀고 온몸에 한바탕 찬물을 뒤집어쓰고 나서야 옷을 벗고 몸을 씻었습니다. 아무리 주의를 주고 야단을 쳐도 소용이 없었습니다. 고민 끝에 A4 용지에 "우근아, 옷 벗고 샤워해요. 옷 입고 샤워하면 안 돼요."라고 써서 욕실 문에 붙여놓았지만 잠깐 한눈을 팔면 우근이는 어김없이 같은 행동을 시도했습니다.

우근이가 갑자기 왜 이럴까? 그러고 보니 우근이 이마에 꽃이 활짝 피어있었습니다. 몸에 2차 성징도 뚜렷하게 나타나고, 샤워할 때 보면 몽정을 했는지 벗어놓은 팬티가 젖어있기도 했습니다. 그래, 사춘기가 왔구나. 질풍노도의 사춘기가 우근이에게 찾아온 것입니다.

 사춘기 성장통

우근이의 사춘기 행동은 점점 새로운 양상으로 번져갔습니다. 어느 날은 집에서 입고 있던 옷차림 그대로 맨발로 뛰쳐나가 소리 지르며 아파트 앞마당을 한 바퀴 돌고 들어오더니, 또 어느 날은 옷을 홀라당 벗은 채로 집밖으로 뛰쳐나갔다 들어오기도 했지요. 외출하다가 혹은 등교하다가 길가에 주차되어있는 자동차를 보면 본네트 위로 기어오르며 몸을 비비기도 했습니다. 화장실을 찾는 횟수도 부쩍 늘었습니다.

그때마다 잔소리를 해대고 엄포를 놓았지만 상황은 나아지지 않았습니다. 밑도 끝도 없이 이런 행동을 해대니 지켜보는 저도 참 곤혹스럽더군요. 학교에서도 이런 행동을 할까 봐 너무나 걱정이 됐습니다.

개학을 앞두고 6학년 담임선생님과 상담을 했더니 다행히 학교에서는 나름 몸가짐을 함부로 하지 않으며 그런대로 학급생활을 잘한다고 하셨습니다. 다행이다 싶어 나름 안도감이 들었지요.

그래도 혹시나 하는 마음에 우근이가 중학교에 입학하기 전까지 운동과 외출을 자주 시도했습니다. 사춘기 에너지를 발산할 수 있도록 틈만 나면 등산을 가고, 집 근처에 있는 공원이나 산으로 자전거를 타러 가고, 수영장도 매주 꼬박꼬박 함께 다녔습니다.

우근이의 사춘기 몸살은 중학교에 입학해서도 계속됐습니다. 학교 생활에는 잘 적응했지만 집에만 오면 사춘기 행동이 식을 줄 몰랐습니다. 우리 부부는 이 모두를 성장을 위한 통과의례라고 여기고 인내심을 갖고 지켜보기로 했습니다. 다행히 사춘기 몸살은 중학교 1학년 1학기 여름방학까지 이어지다가 차차 잦아들었지요.

 자아가 움트다

중학교 생활에 잘 적응한 우근이는 어느 덧 중3이 되었습니다. 여름방학을 맞는 즈음에는 '우근이가 이제 청년이 되어가는구나.'라는 게 절실히 느껴지더군요. '제2사춘기'가 시작된 겁니다. 그 징후는 이렇습니다.

먼저 '1초맨' 거부입니다. 그전까지 우근이는 엄마·아빠나 두 형이 뭘 시키면 곧바로 행동해서 별명이 '1초맨'이었습니다. 아침에 깨울 때도 "우근이 일어나요." 한 마디면 벌떡 일어났습니다.

그러던 우근이가 '1초맨' 이기를 거부하기 시작했습니다. 한두 번 얘기해서는 가족들이 시키는 일을 좀처럼 하려 들지 않았고, 하게 되더라도 자기가 하고 싶은 방식대로 처리해버렸습니다. 아침에도 일어나라고 하면 듣는 둥 마는 둥 하며 계속 잠을 잤습니다.

과자를 살 때도 예전에는 아빠가 돈을 주고 과자 이름을 메모해주면 그 과자만 사 가지고 왔는데, 사춘기에 접어들더니 과자를 먹고 싶으면 직접 아빠 지갑을 뒤져 돈을 꺼내더군요. 그러면 안 된다고 호통을 친 후에 못 이기는 척하며 돈을 주면 신나게 뛰어가서 자기가 먹고 싶은 과자만 골라서 사왔습니다.

목소리도 부쩍 커졌습니다. 기분이 좋을 땐 큰 소리를 내며 온 집 안을 휘젓고 다녔습니다. 컴퓨터 앞에 앉아 놀 때는 평소 자주 들어서 외운 동요 가사를 제법 남이 알아들을 정도로 흥얼거렸지요. "경상북도 울릉군 남면도동 일 번지 ~~~ 독도는 우리 땅." "곰 세 마리가 한집에 있어 ~~~ 애기 곰은 너무 귀여워, 으쓱으쓱 자란다."

밤에는 좀처럼 잠을 이루지 못하더군요. 잠자리에 드는 척하다가 금세 방 밖으로 나와 자기가 하고 싶은 일을 하려고 들었지요. "우근아, 어서 자야지." 하면 다시 방에 들어가서 자는 척하다가 어느새 나와서 거실을 돌아다녔습니다. 아내와 저는 하는 수 없이 "저러다 자겠지." 하고 먼저 잠드는 날이 많아졌습니다.

가장 많이 달라진 행동은 외출이 잦아졌다는 것입니다. 예전에는 집에 있기가 아무리 답답해도 제가 먼저 "우근아, 산책 좀 다녀와." 하고 챙겨줘야 나갔는데, 그 즈음에는 자기 혼자 슬그머니 집에서 빠져나가곤 했습니다. 얼마 지나지 않아 집에 들어오기에 모르는 척 놔두었더

니 점점 한 시간, 두 시간… 외출 시간이 길어지더군요. 가끔은 한나
절을 혼자 돌아다니다가 오기도 했지요.

사춘기에 접어든 우근이는 우리가 알던 우근이가 아니었습니다. 엄
마·아빠가 하지 말라는 일도 슬슬 눈치 살피며 계속 시도하고, 다시
는 하지 않도록 심하게 나무라면 실실 웃어가며 능글맞게 뒷걸음질을
쳤습니다. 예전에는 금세 얼굴색이 변하고 금방이라도 울 것 같은 표
정이 되었을 텐데 말입니다.

한마디로 우근이가 상대방의 눈치를 보지 않고 행동하기 시작했습
니다. 우근이는 자아가 움트는 '성장'의 시기를 지나고 있었습니다.

**우근이의
독립선언** 한 번은 이런 일도 있었습니다. 어느 날
우근이가 현관문 앞에 내다놓은 쓰레기
봉투를 물끄러미 보고 있더군요. 자기가 내다 버릴 생각인지 내복 차
림 그대로 쓰레기봉투를 들고 현관문을 나서려고 했습니다.

"우근아, 옷 입고 나가야죠."

그러고 나서 저는 방 안에서 잠깐 볼일을 본 다음 거실로 나갔습니
다. 그런데 쓰레기봉투는 그대로 있고 우근이만 사라졌더군요. 찾아
나설까 하다가 늘 그랬듯 알아서 들어오겠지 했습니다. 한 시간 쯤 지
났을까. 제가 다니던 기타 학원 원장님이 전화를 주셨습니다.

"아버님, 우근이는 학원에 와있는데 아버님은 왜 안 오시나요?"

어딜 갔나 했더니 제가 다니는 클래식기타 학원에 간 모양이었습니다. 저도 곧 올 줄 알았는데 안 오니까 원장님이 전화를 한 겁니다.

"우근이가 말도 없이 저 혼자 나간 겁니다. 원장님, 죄송하지만 우근이한테 집으로 다시 가라고 말해주세요."

그런데 한 시간이 지나도 오지 않더군요. 슬슬 걱정이 되어 동네를 한 바퀴 돌아봤지만 우근이는 흔적도 없었습니다. 집으로 돌아와 이제나 저제나 하며 기다리는데 이번엔 아내에게서 전화가 왔습니다.

"여보, 둘째가 허리를 다쳐서 지금 E정형외과에 있다고 연락이 왔어요. 얼마나 심하게 다쳤는지 말도 제대로 못 한다고 간호사가 대신 전화를 했더라고요. 제가 그쪽 정형외과로 가볼게요."

'이럴 수가?' 너무 놀라서 우근이가 나가서 감감무소식이라는 말을 꺼낼 수가 없었습니다. 둘째까지 다쳐서 병원 신세를 진다니 나쁜 일이 한꺼번에 터지는 것 같아 갑자기 머릿속이 하얘지고 가슴이 답답해지더군요. 잠시 후 아내에게서 또 연락이 왔습니다.

"여보, 여기 병원인데요, 둘째가 아니라 우근이가 여기 와있네요. 간호사들이 준 치킨을 먹으면서 좋아하고 있는데 어떻게 된 거죠?"

저는 놀란 가슴을 쓸어내리며 실은 우근이가 집을 나가 몇 시간째 들어오지 않아서 기다리고 있던 중이라고 전했지요.

그날 정형외과 간호사가 아내에게 전한 사연은 이렇습니다.

"아드님이 병원에 들어와 알 수 없는 소리를 내면서 왔다 갔다 하더라고요. '어디 아파요?' 하고 물으니까 '아파요.'라고 대답해서 '허리가 아파요?' 하고 물었더니 잘 알아들을 수 없는 말로 '아파요.'라고 대답했어요. 통증이 너무 심해서 말하기 힘든 것 같아 메모지를 주고 엄마 전화번호를 적으라고 했지요. 저는 그 번호로 전화했던 거고요."

그런 줄도 모르고 아내는 '둘째가 심하게 다쳐서 병원을 간 모양이구나.'라고 생각한 겁니다. 당시 둘째는 허리가 아파서 방학 동안 병원 치료를 받을 예정이었거든요.

그나저나 그날 우근이는 왜 E정형외과를 갔을까요? 답은 우근이만 알고 있겠지요. 그래도 제가 추측해본 사건의 전말은 이렇습니다. 우근이의 입장이 되어 아래와 같이 일기 형식으로 정리해보았습니다.

기타 학원을 나온 뒤 나는 곧바로 집으로 오지 않고 동네를 걷다가 E정형외과 앞까지 걸어갔다. 그 병원이 있는 건물에는 둘째 형이 방학 동안 다니는 독서실이 있었다. 엄마하고 아빠하고 함께 한두 번 가본 적이 있어서 나는 독서실이 있는 그 건물을 잘 알고 있었다.
"좋았어! 독서실에 가서 둘째 형한테 맛있는 걸 사달라고 해야지."
승강기를 탔는데 저절로 오르락내리락 하는 게 아주 재미있었다. 신이 나서 계속 오르락내리락 하고 있는데, 어디선가 치킨 냄새가 풍겨왔다. 냄새를 따라가 보니 병원이었다. 마침 배가 고파서 병원으로 들어가 다짜고짜 치킨을 찾아다녔다. 간호사 누나가 나를 막아서며 물었다.
"어디가 아파서 왔어요?"
"배 아파요(배가 고파서 아플 정도니까 치킨 좀 주세요)."

사건은 여기서 끝나지 않았습니다. 아내를 따라 병원을 나선 우근이가 승강기를 타고 1층에 내리자마자 줄행랑을 쳤다는 겁니다. 저는 아내에게 일단 집으로 들어오라고 했습니다. 둘이 나란히 앉아 우근이를 기다렸지만 감감무소식이더군요.

시간이 갈수록 속이 까맣게 타들어갔습니다. '이러다 집에 안 들어오는 거 아닐까?' '혹시 사고라도 난 건 아닐까?' 온갖 상상이 저를 괴롭혔습니다. '다시 찾아나서야 하나?' '아니야! 이런 일이 자주 있었지만 그때마다 스스로 돌아왔잖아. 이번에도 우근이를 믿고 기다리자.'

밤 10시 반, 현관문 번호 키 누르는 소리가 나더니 우근이가 태연한 표정으로 들어섰습니다. 얼굴엔 웃음기와 여유가 넘쳐나더군요. 좀 어이가 없었습니다.

"우근아, 어서와. 어디 갔다 온 거야?"

"···."

아무 대답 없는 우근이의 얼굴을 물끄러미 보고 있자니 "치킨을 먹었더니 배가 불러서 소화도 시킬 겸 동네를 산책하다 들어왔어요."라고 말하는 듯 했습니다.

이런 일을 겪으면서 우근이가 이제 본격적으로 부모의 품을 벗어나 독립선언을 하고 있다는 생각이 들었습니다. 자기 생각대로 행동하고 자기 고집대로 움직인다는 건 자아가 성장하고 있다는 증거이기도 하니까요. 그건 우근이가 언젠가는 부모 곁을 떠나 저 혼자 세상에 나아갈 준비를 하기 시작했다는 의미였습니다.

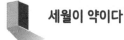

세월이 약이다

이미 첫째와 둘째의 사춘기를 겪어본 바 있는 우리 부부였지만, 우근이의 사춘기는 참 당황스러웠습니다. 왜 그런 행동을 하는지 도무지 이해할 수 없었지요. 무엇보다 주위 사람들에게 피해를 주면 어쩌나, 우근이의 장애를 잘 모르는 사람들한테 엉뚱한 오해를 사면 어쩌나 걱정이 태산이었습니다. 사춘기 행동을 하지 못하게 회초리로 손바닥을 때리기도 하고 얼굴을 붉히며 화도 내봤지만 우근이는 듣는 둥 마는 둥이었습니다. 주위에서도 점점 걱정스런 시선을 보내왔습니다.

틈만 나면 이어지는 우근이의 사춘기 행동에 우리 부부는 조금씩 지쳐가기 시작습니다. 선배 장애아 부모와 특수교육 전문가를 직접 만나 의견을 구하고 전화로 상담도 했습니다. 만나는 사람마다 자신의 경험이나 상담 사례를 바탕으로 조언을 해주시더군요.

"세월이 약이지요." 그때 들은 이야기 중에 가장 기억에 남는 말입니다. 장애가 있는 아이들은 사춘기 호르몬의 변화를 몸으로 그대로 표출하는데, 아이에 따라 짧게는 몇 개월, 길게는 몇 년이 간다고 하더군요. 우근이가 어느 쪽인지는 몰라도 시간이 흐르면 사춘기 행동도 자연스럽게 사라질 거라고 하셨습니다.

문득 이런 생각이 들더군요. 우근이의 사춘기 행동이 당장은 우리 부부를 힘들게 하지만, 우근이 입장에서는 얼마나 자연스러운 현상인가요. 부모 속을 썩이려는 행동이 아니라 어른으로 성장하는 과정에서 겪는 고군분투라고 생각하니 새삼 우근이가 사랑스럽게 느껴졌습니다.

그렇다고 해도 부모 입장에서는 우근이의 사춘기 행동이 걱정스러울 수밖에 없습니다. 하지 못하게 말리고 싶은 게 솔직한 마음이지요. 그래도 나름 쑥쑥 성장해가는 우근이를 보면서 우리 부부는 애써 마음을 고쳐먹었습니다. '좀 더 참고 우근이를 지켜봐주자!'고 말이지요. 우리는 듬직한 막내 우근이를 믿으니까요.

제3의 사춘기와
약물치료

사춘기에 접어들면서 우근이는 잠자리에 들기 전에 샤워를 자주 했습니다. 아침에 일어나 다시 샤워를 하는 날도 많았습니다. 부쩍 화장실 출입도 잦아졌지요. 우근이가 집에 있을 때 보면 가끔 고추를 만지거나 성적 자극을 받는 낌새를 보일 때가 있는데, 그때마다 화장실로 가도록 유도했더니 그게 그만 습관이 됐나 봅니다. 학교에서도 화장실을 자주 가는 모양이었습니다.

그러더니 언제부턴가 고2 담임선생님으로부터 문자 연락이 자주 오기 시작했습니다. 우근이가 가끔 여학생이나 여교사 화장실을 이용한다는 겁니다. 참 알다가도 모를 일이지요. 화장실에 가더라도 남녀 구분을 확실히 하던 아이였는데, 뒤늦게 이러는 걸 보면 이 행동 역시 이성에 대한 호기심의 발로인지도 모르겠다는 생각이 들더군요.

그즈음 집에서 우근이는 성적 호기심을 드러내는 모습을 자주 보였습니다. 우리 집의 유일한 여성인 엄마가 화장실에 가면, 우근이는 딴짓을 하다가도 득달같이 화장실 문 앞으로 달려가 귀를 기울였습니다. 엄마가 방문을 닫고 옷을 갈아입을 때도 귀신같이 알고 방문을 열려고 덤볐습니다. 그만큼 이성의 몸에 관심이 많다는 것이지요. 질풍노도의 시기에 어찌 관심이 없을 수 있을까요?

하루는 특수학급 선생님께서 직접 전화를 주셨습니다. 우근이가 이제는 여학생 화장실에서 옷을 벗고 샤워까지 한다는 겁니다. 심지어 여교사 화장실에서도 볼일을 보고 몸을 씻는다고 하더군요. 아빠인 저로서도 그건 결코 용납할 수 없는 행동이었지요.

"정말 죄송합니다. 아마도 사춘기를 겪으면서 나타나는 행동 같은데, 다시는 그런 일이 없도록 제가 단단히 주의를 주겠습니다. 학교에서도 우근이가 또 그런 행동을 하면 발견 즉시 그 자리에서 혼쭐을 내주시면 좋겠습니다."

"글쎄요. 저희야 그렇게 이해하고 넘어갈 수 있겠지요. 하지만 여학생들이 그 장면을 목격한다면 문제가 될 수 있어서요."

듣고 보니 이만저만 걱정되는 게 아니었습니다. 다른 사람들 눈에는 우근이의 이런 사춘기 행동이 얼마든지 오해를 살만한 일로 비칠 테니까요. 무엇보다 공공장소에서 해서는 안 되는 행동이었습니다. 도대체 어떻게 해야 우근이한테 이 점을 숙지시키고 다시는 그러지 못하게 가르칠 수 있을까? 우리 부부는 다시 고민에 빠졌습니다.

절정에 달한 성적 욕구

우근이의 사춘기 행동은 점점 심해졌습니다. 2학기에 들어서면서 학교에서 또 연락이 왔습니다. 우근이가 여자 화장실에 가서 볼일을 보거나 몸을 씻는 정도가 아니라 이제는 길거리에서 바지춤을 내리고 대소변을 본다는 겁니다. 하굣길에 우근이가 혼자 우수관이 있는 곳에서 대소변 보는 행동을 하고 있더라는 목격담까지 들어왔지요. 심지어 학교 안에서도 한두 번 시도를 했다고 했습니다.

선생님과 상담 끝에 문제가 더 커지기 전에 우근이의 하교 지도를 시작하기로 했습니다. 학교가 끝나면 보조원 선생님이 교문까지 우근이를 데려오고, 저나 활동보조인이 교문에서 기다리고 있다가 우근이를 인계받아 집으로 데려오는 방식이었습니다.

하루는 수업을 마치고 나오는 우근이를 데리고 집으로 가고 있던 중이었습니다. 우근이는 저만치 앞서가고 저는 그 뒤를 따라가고 있었지요. 그런데 앞서가던 우근이가 갑자기 길가에 있는 우수관을 발견하고는 거기에 엉덩이를 대고 볼일을 보려고 했습니다. 말로만 듣던 상황을 실제로 목격한 순간이었지요. 너무 당황스러웠습니다. 지금까지는 우근이가 아무리 감당하기 힘든 행동을 해도 장애 특성으로 이해하고 수용하려고 애써왔는데, 이건 정말 아니다 싶었습니다.

당장 우근이를 쫓아가 현장에서 수습을 한 다음, 집에 돌아와 우근이를 무릎 꿇게 하고 혼을 냈습니다. 다시는 그러지 않겠다는 약속을 받고 싶은데 어떻게 해야 할지 몰라 고민 끝에 우근이를 앉혀놓고 종이에 다음과 같이 적었습니다.

- 화장실에는 쉬는 시간에만 가기
- 선생님이 쓰는 화장실에는 절대 가지 않기
- 남학생 화장실을 이용하기

저는 우근이에게 그 종이에 이름을 쓰고 서약을 하게 했습니다. 이렇게라도 해야 좀 안심이 될 것 같았습니다.

그 후에도 같은 일은 반복됐습니다. 등교할 때는 그런 일이 없는데, 이상하게도 하교할 때는 강박적으로 길거리에서 바지춤을 내리고 대소변을 보는 행동을 했습니다. 냉정하게 나무라기도 하고 회초리까지 동원해 훈육도 해봤지만 백약이 무효였습니다. 나중에는 등굣길이 아닌 다른 장소에서도 같은 행동을 시도하기까지 했습니다.

걱정은 그것만이 아니었습니다. 밤마다 우근이는 잠을 못 이루고 집밖으로 쏘다니다 들어왔습니다. 엄마와 아빠 그리고 대입 재수를 하고 있던 둘째 형이 잠자리에 들고 나면 혼자 슬그머니 집을 빠져나가 동네를 한두 시간씩 배회하다 들어왔습니다. 한밤중에 저렇게 돌아다니다 무슨 일이 생기지는 않을까? 걱정이 커져만 갔습니다. 게다가 새벽 같이 일어나 출근하는 아내와 재수 학원을 가야 하는 둘째가 잠을 설칠까 봐 신경이 쓰였습니다.

늦은 밤 들어오는 우근이를 방에 앉혀놓고 큰소리로 혼쭐을 내기도 했습니다. 그래도 우근이의 밤 외출은 무한 반복됐습니다. 결국 저의 인내심이 바닥나고 말았습니다. 어느 날 밤 너무 힘든 나머지 나도 모르게 절규하듯 소리를 지르며 우근이의 어깨를 붙잡고 흔들었습니다.

"제발 좀 이러지 마라, 제발~!"

"아아, 안돼요, 안돼요."

우근이는 놀랐는지 이 말만 기계적으로 반복하며 몸을 움츠렸습니다. 그 순간 저는 제풀에 설움이 복받쳐 우근이를 부둥켜안고 울고 말았습니다. 하지만 다음날이면 언제 그런 일이 있었냐는 듯 우근이의 밤 외출은 반복되었지요.

선택의 기로

"이제는 우근이 약물 상담을 한 번 받아 보시는 게 어떨까요?"

우근이의 사춘기 행동으로 학교 선생님과의 상담이 몇 차례 이어지던 어느 날, 선생님이 조심스레 의견을 주시더군요.

"아버님이 우근이와 열심히 운동하시는 건 높이 평가합니다. 하지만 이대로 계속 놔두면 안 될 것 같아서요."

"…"

사실 우근이의 약물치료 이야기가 나온 건 그때가 처음이 아니었습니다. 우근이에게 '1차 사춘기'가 찾아왔을 때에도 주위에 있는 어느 장애아 부모가 약물 복용을 추천해주시더군요. 그때만 해도 이런 일로 약물치료까지 해야 하나 싶었습니다. 그래도 병원을 한 번 가보자고 아내가 권유했지만, 저는 좀 더 지켜보자며 완강하게 버텼습니다. 하는 수 없이 아내는 전화로 전문가와 상담을 하더군요.

아내를 상담한 전문가는 장애아가 사춘기에 접어들면 이상행동이 부쩍 늘어나는데, 구체적으로 어떤 행동인가는 아이마다 다르며 사춘기 행동이 나타나는 기간도 일 년에서 일 년 반 혹은 그 이상이라고 했습니다. 그렇더라도 가능한 한 약물은 복용하지 않는 게 좋으며, 부모 입장에서야 힘들겠지만 그 기간을 잘 극복하고 견뎌야 한다고 조언을 했답니다. 아내도 그제야 제 의견에 동의를 해주었지요.

그 덕에 약물치료 없이 잘 버텨왔는데, 상황이 이렇게 악화된 마당에 약물치료를 무조건 거절할 수는 없었습니다. 약물에 대한 거부감은 여전했지만 이제는 달리 방법이 없었지요. 여기저기 수소문해 정신과의사 선생님을 소개받았습니다. 그러면서도 그 전에 다시 한 번 여러 전문 상담사, 특수교사와 상담을 했습니다.

"정신과 상담을 통해 약물을 써보는 게 좋습니다."

"자폐성 아이의 사춘기는 통과의례예요. 함께 운동을 열심히 하면서 지켜봐주고 지지해주면 머지않아 그 행동이 사라질 겁니다."

전문가와 선생님들의 의견은 반반으로 갈렸습니다. 답답한 마음에 우근이를 초등학교 때 몇 년간 지도했던 특수교사에게 전화 상담을 요청했습니다. 최근 우근이의 사춘기 행동에 대해 자세히 설명했지요. 세 고민을 들은 선생님은 조심스레 이런 의견을 주시더군요.

"아버님, 제가 지켜본 우근이는 강압적인 통제나 약물치료로 행동이 변화되는 아이가 아닙니다. 사춘기의 성장통이니까 우근이가 스스로 자기 자신을 조절할 수 있을 때까지 기다려주는 게 좋을 듯합니다. 순간순간 힘드시겠지만 더 용기를 내세요."

그 말씀을 듣는 순간 가슴속에서 불끈 용기가 솟더군요. '그래, 당장은 힘들더라도 참고 기다리자. 우근이 스스로 이 과정을 이겨내면서 성장할 거야. 내가 좀 힘들더라도 더 인내하면서 우근이를 지지해주고 받아들이자.'

하지만 며칠 못 가서 또 참지 못하고 소리를 지르며 우근이를 혼내고 말았습니다. 화가 치밀어 올라 버럭버럭 악을 쓰기도 했고 그러다 저 스스로 화를 못 이겨 무너져 내리기도 했습니다. 우근이를 부둥켜안고 울면서 하소연했지요.

"제발 나 좀 살려주라. 아빠가 너무 힘들다."

제 능력의 한계가 여기까지라는 게 실감이 나더군요. 그런 날이면 내일 당장 정신과 약물 상담을 받으러 가야겠다고 결심을 했습니다. 하지만 다음 날이 되면 또 후회가 물밀 듯 밀려왔습니다. '내가 스스로 무너져 우근이에 대한 믿음까지 날려버리다니.' 하면서 말이죠.

이런 상황이 한 학기 내내 반복됐습니다. 우근이는 우근이대로 상기된 얼굴로 알 수 없는 소리를 내며 아빠를 피해다녔지요.

그러는 사이 둘째 아들의 수능 일이 코앞으로 다가왔습니다. 제가 느끼는 긴장감과 스트레스는 극에 달했습니다. 저도 인간인지라 더 이상 버틸 수가 없었습니다. 약물을 쓰든 안 쓰든 이제는 무조건 우근이를 데리고 가서 정신과 상담을 받아야겠다고 결심을 굳혔습니다.

 약물치료의 부작용 그러던 차에 동료 장애아 부모가 모친상을 당했다는 연락이 왔습니다. 장례식장에 가보니 다른 동료 엄마 몇 분이 먼저 와 계시더군요. 민수(가명) 엄마도 자폐성 장애가 있는 아들과 함께 그 자리에 왔습니다.

우근이와 나이가 비슷한 민수도 그 즈음 한창 사춘기 몸살을 앓고 있었습니다. 한두 해 전에 부모자녀 동반 야유회에서 만났을 때보다 몰라볼 정도로 몸무게가 늘어있더군요. 게다가 민수 엄마 말로는 집에서 미리 저녁을 먹고 왔다고 하는데, 민수는 장례식장에서도 음식이 나오면 허겁지겁 먹기 바빴습니다. 한참을 먹더니 자리에 앉은 채로 먹은 음식을 토하기까지 했지요.

순식간에 분위기가 얼어붙었습니다. 곧바로 동료 엄마들이 토사물을 치우고 민수를 화장실로 데려가 뒷수습을 했습니다. 민수가 좀 진정된 후, 엄마들과 함께 장례식장을 빠져나와 차를 마시며 이야기를 나누었습니다. 민수 엄마는 그제야 한탄하듯 속내를 쏟아냈습니다.

"민수가 사춘기 행동이 거칠어지면서 복용하던 약을 좀 강화해서 먹었어요. 행동은 좀 나아졌는데 대신 식욕이 늘더라고요. 통제가 불가능할 정도로요. 그때부터 몸무게가 늘기 시작했어요. 약물을 늘린 부작용인 거 같은데, 약을 끊자니 아들의 사춘기 행동을 받아줄 자신이 없어 울며 겨자 먹기로 계속 복용시키고 있어요."

민수 엄마의 하소연을 듣고 나서 저는 우근이의 정신과 약물 상담 계획을 접었습니다. 그 대신에 그때까지 해오던 수영과 등산, 배드민턴 등 운동에 더욱 매진하기로 했지요. 학교 선생님께도 앞으로 운동하는 시간과 양을 더 늘려서 우근이가 성적 욕구를 해소할 수 있도록 더욱 노력하겠다고 말씀드렸습니다.

그 뒤로 틈만 나면 우근이를 데리고 나가 운동을 했습니다. 오로지 우근이의 사춘기 성적 욕구를 해소해주려는 욕심에 몸에 무리가 가는 줄도 모르고 최선을 다했습니다..

다행히 겨울방학에 들어가면서 우근이는 사춘기 행동이 줄어들고 좋은 컨디션을 유지했습니다. 자주 샤워하는 건 여전했지만 밤에 잠을 자지 않고 쏘다니는 행동은 눈에 띄게 줄어들었습니다.

한숨을 돌리고 나니 뒤늦게 우근이의 사춘기 행동이 갑자기 심해진 이유가 혹시 학교생활에서 받은 스트레스 때문이 아니었을까 싶더군요. 우근이 입장에서는 입시에만 매달리는 인문계 고등학교의 환경이 숨이 막힐 수도 있으니까요. 질풍노도의 사춘기 청년이 맘껏 뛰고 놀면서 에너지를 분출해도 모자랄 판에 교실 책상에서 온종일 꼼짝없이 앉아있어야 하는 상황이 얼마나 답답했을까요? 그런 짐작을 하다 보니 마음 한켠이 아련해왔습니다. 우근이가 고등학교에 진학할 때 일반 학교를 고집했던 일이 좀 후회되기도 했습니다. 하지만 어디를 가나 장단점이 있는 법. 우근이가 이 정도 시련은 극복하고 넘어서는 경험을 해보는 것도 중요하지 않을까요?

약물치료는 신중하게

다행히 고등학교 3학년에 올라가자 우근이의 사춘기 행동은 급격히 줄었습니다. 물론 가끔씩 예상치 못하게 사춘기 행동이 또 튀어나와 당황한 적도 여러 차례 있었지요. 그래도 우근이의 약물 상담을 포기한 제 결정을 한 번도 후회해본 적은 없습니다. 약물치료 후에 부작용을 경험하는 아이들을 여럿 보아왔기 때문이지요.

앞 장에서 얘기듯이, 저는 우근이가 막바지 사춘기 홍역을 치르던 무렵에 우근이와 단 둘이 지리산 종주에 나선 적이 있습니다. 연하천 대피소에서 하룻밤 묵을 때는 자폐성 장애를 지닌 아들과 함께 산행을 온 아버지를 만났지요. 우근이보다 나이가 열 살은 많아 보이는 그 청년은 저녁 식사를 준비하는 동안 특정 단어를 반복적으로 말하면서 아버지 뒤를 졸졸 따라다녔습니다. 그 모습에 왠지 자꾸만 눈길이 갔습니다.

그날 밤 청년의 아버지가 대피소 침상에 잠자리를 준비하자 아들은 큰 소리로 반향어를 하면서 숙소로 들어오더니 자리에 눕자마자 그대로 잠에 곯아떨어졌습니다. 산에 와서 만난 장애인 가족이라 반가워서 제가 먼저 인사를 건넸습니다.

"반갑습니다. 아드님이 금세 잠드는 걸 보니 부럽네요."

"부러워할 일이 아닙니다. 아들이 사춘기에 접어들면서부터 약물을 복용하고 있는데, 그 영향인지 그때 이후로 누우면 곧바로 잡니다."

"제 아들은 쉽사리 잠을 자지 않거든요. 그래서 이런 공공장소에 올 땐 신경이 많이 쓰입니다."

"저도 그런 두려움 때문에 약물 복용을 시작했어요. 사춘기가 지나 서른이 다 되어가지만 이제는 약을 중단하려고 해도 쉽게 끊지 못하고 있습니다."

그날 이후로 그 아버지의 말이 지금까지도 제 머릿속을 맴돌고 있습니다. 약물의 힘을 빌려 좀 편해보려고 했던 저 자신을 반성했지요. 만약 우근이가 또다시 사춘기 홍역을 치른다고 해도 약물 없이 견뎌내야겠다고 결심했습니다.

저도 약물 복용이 무조건 나쁘다고 생각하지는 않습니다. 사춘기에 약물 복용을 시작해 효과를 보고 3~5년 후에 약물 복용을 중단한 아이들의 사례도 있습니다. 우리가 몸이 아프면 약을 먹고 건강을 회복하듯이, 장애 아이들도 힘든 사춘기 몸살을 넘기는 데 필요하다면 약물의 도움을 받을 수 있어야겠지요. 다만 일단 약물 복용을 시작하면 끊는 게 시작할 때보다 어렵다는 것이지요.

우근이는 고등학교를 졸업한 후 D장애인복지관에서 운영하는 '발달장애인 대학' 프로그램을 이용하고 있습니다. 남자 성인 발달장애인 여덟 명이 참여하고 있지요. 첫날 부모님들과의 상담 시간에 선생님께서 약물을 복용하고 있는 친구들이 얼마나 되는지 조사하시더군요. 총 여덟 명 중에 여섯 명이 약물을 복용하고 있었습니다. 상담이 끝나고 돌아오는 길에 어느 부모님께 제가 물었습니다.

"아이들이 다들 이십 대 중후반으로 사춘기를 넘긴 나이인데도 계속 약물을 복용해야 할 이유가 있나요?"

"아버님, 약물은 끊는 게 시작하는 것보다 더 어려워요. 그리고 제 아들은 약물을 복용하지 않으면 돌발행동을 하거나 폭력성이 올라와서 약을 끊고 싶어도 그럴 수가 없어요."

그분 심정이 충분히 이해가 됐습니다. 저 역시도 전문가와 선생님들과 상담하면서 많은 도움을 받는데도 명쾌한 선택을 하기가 쉽지 않았습니다. 저는 결국 약물의 힘을 빌리기보다는 저 스스로가 견디고 넘어서는 쪽을 선택했지요.

제가 약물치료를 선택하지 않을 수 있었던 데에는 책 한 권이 많은 영향을 미쳤습니다. 바로 김두식 교수가 쓴 《불편해도 괜찮아》입니다. 이 책에서 김두식 교수는 '지랄 총량의 법칙'을 이야기 합니다.

'지랄'은 마구 법석을 떨며 분별없이 하는 행동을 속되게 이르는 말입니다. '지랄 총량의 법칙'이란 결국에는 사람이 살면서 평생 부려야 할 '지랄'의 총량이 정해져 있다는 의미이지요. 저자인 김두식 교수는 자신의 딸이 중학교 1학년이 되더니 "엄마·아빠 같은 찌질이로는 살지 않겠다."라고 선언하고 사사건건 충돌을 일으켰다고 털어놓았습니다. 답답한 마음에 하루는 어느 지인에게 고민을 털어놓았는데 그 사람이 이렇게 대답했다는군요.

"모든 인간에게는 평생 쓰고 죽어야 하는 '지랄'의 총량이 정해져 있다. 어떤 사람은 그 지랄을 사춘기에 다 부리고, 어떤 사람은 나중에 늦바람이 나기도 하지만, 어쨌거나 죽기 전까진 반드시 그 양을 다 쓰게 되어있다."

저는 여기서 무릎을 쳤습니다. 사춘기 몸살을 앓는 우근이와 함께 어두운 망망대해를 표류하던 저에게는 그 말이 어렵게 발견한 한 줄기 등대 불빛처럼 느껴졌습니다.

장애아의
성적 욕구

우근이의 사춘기를 경험하기 전까지 저는 장애인의 성에 대해 심각하게 생각해본 적이 없습니다. 영화 〈오아시스〉나 〈미투〉를 통해 간접적으로 장애인의 사랑을 접해본 게 전부이고 그저 막연하게 생각할 뿐이었지요. 우근이의 사춘기 몸살이 점점 심해지고 그 기간이 길어지면서 저도 어쩔 수 없이 장애인의 성교육에 관심을 갖게 됐습니다.

처음 장애아를 위한 성교육 강의를 들은 건 우근이가 중학교 입학을 앞두고 사춘기 행동을 막 시작했을 때입니다. 복지관이나 특수교육지원센터에서 주관하는 성교육 강의를 찾아다녔지요. 교육 중에 전문 강사님이 해주는 조언과 더불어 선배 장애아 부모의 경험담이 많은 도움이 됐습니다. 그분들은 한결같이 이렇게 말했습니다.

"비장애 아이들과 마찬가지로 우리 아이들도 똑같이 사춘기를 거치면서 성적 욕구를 갖는다. 다만 그 욕구를 해소하는 방식이 다를 뿐이다. 우리 아이들이 보이는 사춘기 행동을 틀렸다고 나무라지만 말고 이해하고 기다려주는 것이 좋다."

머리로는 충분히 받아들일 수 있는 충고였습니다. 문제는 실천이 어렵다는 것이지요. 많은 성교육 강의를 듣고 마음을 다잡았지만 실생활에서는 너무나 쉽게 무너지고 말았습니다. 일단 그 상황에 감정적으로 반응을 하다 보니, 아이의 사춘기 행동을 수용하고 이해한다는 게 말처럼 쉽지 않았습니다. 강의를 듣고 며칠 정도는 효과가 있었지만 그 다음은 도로아미타불이었지요. 그렇다고 해서 마냥 손을 놓고 있을 순 없었습니다. 한치 앞을 볼 수 없는 안개 속에서 끊임없이 도전하고 응전하는 수밖에 없었습니다.

 장애아의 성교육 저는 우근이의 사춘기 행동을 볼 때마다 '장애인의 성적 욕구를 어떻게 하면 해소해줄 수 있을지'가 늘 궁금했습니다. 왜냐하면 우근이가 보이는 사춘기 행동이 어쩌면 성적 욕구를 해소하는 방식을 습득하는 과정에 어려움이 있어서 나타난 것일지도 모른다고 판단했기 때문입니다. 하루는 제가 강사에게 질문을 던졌습니다.

"아들이 몽정을 가끔 합니다. 근데 몽정만으로 성적 욕구를 해소할 수 없다고 하셨잖아요? 아빠가 자위행위라도 가르쳐야 할까요?"

당시에는 강사가 이렇게 답변을 주셨지요.

"나쁜 생각은 아니지만, 아직은 우근이가 중학생이라서 조금 이르다는 느낌이 듭니다. 좀 기다려보시는 게 좋을 것 같습니다."

하는 수 없이 우근이를 데리고 운동에 더욱 매진할 수밖에 없었지요. 그러다 고등학교 2학년이 되어 우근이의 성적 욕구가 절정에 이르렀을 때 다시 절실한 마음으로 성교육 강의를 찾아다니기 시작했습니다. 그리고 중학교 때와 똑같은 문제의식을 가지고 질문을 던졌지요.

"상황이 이러니 성교육 차원에서 아빠가 자위행위라도 가르쳐야 할까요?"

이번에는 대답이 달랐습니다.

"네, 이제는 고등학생이 됐으니까 아빠가 직접 시범을 보이는 것도 좋을 것 같습니다."

그날 저녁 저는 우근이를 불러 세워 욕실에 함께 들어가 요령껏 설명을 하면서 나름의 성교육(?)을 시도해보았습니다. 그런데 생각처럼 교육이 자연스럽게 되지 않되더군요. 우근이도 실감이 안 나는지 쭈뼛쭈뼛 하며 집중하지 않았지요. 몇 번 시도하다가 그만두었습니다.

성교육도 정답은 없는 것 같았습니다. 장애 아이마다 성적 욕구를 해소하는 방식이 다 다르게 마련이니까요. 우근이는 몽정을 자주 했지만 자위행위를 하는 건 아직 보질 못했습니다. 대신 자주 샤워를 하고 길거리를 쏘다니는 방식으로 해소를 하는 듯합니다. 그래서 제가 선택한 방법은 육체적인 운동(수영, 등산, 자전거 타기, 배드민턴)을 중점적으로 늘리는 것이었지요.

저는 우리 집에서 아내가 화장실에 가거나 방에서 옷 갈아입을 때 우근이가 보이는 관심도 자연스럽게 보아 넘기기로 했습니다. 집밖에서는 이성에게 관심을 보이는 행동을 일체 하지 않았으니까요. 생각해 보면 얼마나 다행인지요. 장애 아이들 중에는 지나가는 행인이나 지하철 승객에게 사춘기의 성적 충동을 그대로 표현해서 그 부모가 말 못할 고생을 하는 경우를 종종 보니까요.

제가 아는 다운증후군이 있는 한 아이는 방문을 걸어 잠그고 자위 행위를 한다고 합니다. 이럴 땐 부모가 모르는 체하고 끝나기를 기다려 뒤처리를 잘하도록 도우는 게 좋겠지요.

이렇듯 장애·비장애를 떠나 사춘기에 보이는 행동은 아이에 따라 백인백색일 것입니다. 성교육 전문가의 조언에 귀를 기울이되, 장애 자녀의 특성을 파악하여 그에 맞는 방법으로 성적 욕구를 해소할 수 있게 도와주는 것이 좋습니다.

우근이는 항문기? 우근이는 고2 겨울방학에 D특수교육지원센터에서 진행하는 체육활동 프로그램에 매일 한 시간씩 참가했습니다. 센터가 집에서 좀 멀어서 제가 우근이를 데리고 다녔지요. 우근이가 수업에 참여하는 동안에는 학부모 대기실에서 기다렸습니다.

그러던 어느 날, 대기실에서 동료 어머니들과 대화하던 중에 중요한 사실을 깨달았습니다. 우연히 장애 자녀의 사춘기 성에 대한 토론을 벌이던 중이었습니다. 그 자리에 우근이 또래의 아들을 둔 어머니 한 분이 있었는데, 같은 처지이다 보니 서로 이야기가 잘 통했습니다. 저는 그분께 지난 몇 달 동안 우근이가 길거리에서 바지춤을 내리고 대소변을 보려고 시도하는 행동을 보였다고 털어놓았지요. 그랬더니 그분이 이런 말씀을 하시더군요.

"언젠가 어느 방송에서 유명 연예인의 성추문 사건을 다룬 걸 봤는데요, 전문가가 나와서 하는 말이 그 연예인의 성적 욕구가 항문기에 머물러 있다고 하더라고요. 혹시 우근이도 그런 게 아닐까요?"

"설마 그럴 리가요?"

하지만 이내 특수학급 선생님이 상담 중에 한 말이 떠오르더군요.

"아버님, 혹시 우근이의 성적 욕구가 '항문기'에 머물러 있는 건 아닐까요?"

그때는 그 말을 대수롭잖게 넘겼는데 그 어머니의 말을 듣고 보니 '바로 그거다!' 하는 생각이 들었습니다. 우근이가 길가에서 바지를 내리고 배변을 시도하는 행동은 성적 자극을 해소하는 과정이라고 해석되었던 거지요. 바지를 내리고 항문에 힘을 주면서 쾌감을 느끼는 게 아닌가 싶었습니다.

이 일을 계기로 저는 '우근이가 성적 욕구를 느끼면 일정한 장소에서 바지를 내리고 대소변을 보려 한다'고 확신하게 되었습니다.

'그럼 지금부터라도 대소변을 구분해서 보게 해야겠다.'

왜냐하면 우근이는 그동안 대소변을 모두 앉아서 보도록 교육을 받아왔거든요. 5년 전, 우근이가 중학교 입학을 앞두고 있던 때였습니다. 평소 소변을 볼 때 조준(?)을 잘 못하는 우근이 때문에 우리 집 욕실은 늘 냄새가 진동했지요. 가족들은 고통을 호소했습니다. 그러던 어느 날 아내가 제안했습니다.

"우리 집 남자들은 모두 앉아서 소변을 보기로 합시다."

우근이만 앉아서 소변을 보게 하니까 말을 잘 듣지 않고 왜 자기만 앉아서 소변을 봐야 하는지 의아해할 수도 있다는 겁니다. 모든 남자가 앉아서 볼일을 보면 우근이도 따라할 거라는 게 아내의 주장이었지요. 첫째와 둘째, 그리고 저도 썩 내키지 않았지만 워낙 소변 냄새 때문에 고통을 받던 터라 아내 말에 따르기로 했습니다. 그러면서 우근이는 앉아서 소변을 보기 시작했고 나중에는 대소변을 다 앉아서 보는 습관이 생긴 겁니다.

센터에서 돌아오자마자 우근이에게 소변을 서서 보도록 교육을 시켰습니다. 외출해서 공중화장실을 갈 때도 소변은 서서 보도록 유도했지요. 하지만 효과가 없었습니다. 우근이는 늘 하던 대로 무조건 좌변기가 있는 곳으로 직진했습니다. 억지로 돌려세워 소변기 앞에 세우면 바지를 허벅지까지 내려 엉덩이를 드러낸 채 항문에 힘을 주기만 했습니다. 선 채로는 소변이 잘 안 나오는지 몇 번 시도하다가 바로 좌변기로 직행하더군요. 수년 간 고착화된 습관을 갑자기 바꾸려 하니 저항이 심했습니다. 아무리 교육해도 듣지 않더군요. 그렇다고 얼굴을 붉히며 또다시 전쟁을 치르기엔 우근이가 너무 커버린 느낌입니다. 어쩔 수 없이 우근이 스스로 습관을 바꿀 때까지 기다릴 수밖에요.

약물 없이 사춘기의 절정을 넘기다

우근이가 중학교에 진학하면서 시작된 사춘기는 고등학교에서도 계속됐습니다. 그 행동이 중학교 때와 달리 유난히 심했습니다. 입시 준비로 체육 시간이나 야외 활동이 상대적으로 줄어서 사춘기의 에너지를 해소할 기회가 적다 보니 스트레스가 클 수밖에요. 자연히 우근이의 사춘기 행동이 더 심해지고, 그럴수록 교사의 통제도 심해지고, 부모인 저의 잔소리 또한 늘어났지요. 이렇게 엎친 데 덮친 격으로 서로가 상승작용을 일으킨 것이 아닐까 싶습니다.

다행히 고3이 되면서 다시 안정을 찾고 의젓하게 학교에 다니는 걸 보고 나니 그제야 마음이 좀 놓이더군요. 쉽지 않은 학교생활 속에서도 한 걸음 한 걸음 성장해가는 우근이가 대견하기까지 했습니다.

우근이의 사춘기가 완전히 끝난 건 아닙니다. 아직까지도 여진이 남아있지요. 그래도 약물을 복용하지 않고 사춘기의 절정을 넘겨 얼마나 다행인지 모릅니다. 많이 힘들었지만 우근이를 믿고 기다려 준 게 효과를 보았다고 생각합니다.

스무 살을 넘기면서 우근이의 한밤중 외출은 싹 사라졌습니다. 수영장을 다니면서 물에서 원 없이 놀다가 온 덕분인지는 모르지만 샤워하는 횟수도 하루 한 번으로 줄었습니다. 공중화상실에서 소변기 앞에 서서 볼일을 보는 경우도 많아졌지요. 이 정도면 정말 놀라운 변화입니다.

언제부턴가 우근이 턱에도 수염이 거뭇거뭇 올라오고 있습니다. 청년이 된 느낌이 물씬 풍깁니다. 이제 나이로 보나 몸으로 보나 의젓한 성인이 되었다고 봐야겠지요. 언젠가 우근이도 여자 친구를 만나 연애를 하고 결혼도 하게 되는 날이 오지 않을까 섣부른 기대도 해봅니다. 사춘기를 거쳐 어엿한 성인이 되어가는 우근이를 보면 그런 일이 머지 않아 현실이 될 수도 있겠다 싶습니다.

자폐성 장애인의 결혼을 두고 논쟁이 있지만, 저는 우근이에게 그럴 기회가 찾아온다면 지원해줄 생각입니다. 물론 선택은 우근이 몫입니다. 부모가 억지로 강요할 수도 없고 그렇게 해서 될 일도 아니지요. 그래도 만약에 우근이가 원하기만 한다면 연애든 결혼이든 적극적으로 도와줄 생각입니다.

"우근이는 커서 누구하고 어떻게 살아요?"
"그거야 우근이도 나름대로 독립해서 살아가야지.
엄마·아빠도 그 길을 찾고 있는 중이야.
너는 너대로 동생은 동생대로 각자 열심히 사는 거지."
집안의 맏이로서 동생의 미래를 걱정하는 첫째를 보니
부모로서 마음이 든든했습니다. 그렇다고 해서
첫째나 둘째가 부모 몫의 역할을 해주었으면 하는
기대는 하지 않습니다. 우근이가 자기 나름대로
독립된 삶을 살아가도록 해주는 건
우리 부부의 희망이자 도전이기도 하니까요.

5장

우리 가족이
사는 법

장애인 가족

삼 형제가
사는 법

우리 집은 아들만 셋입니다. 지금은 모두 어엿한 청년이 되었지만 어린 시절에는 식탁에 맛있는 반찬이 나오거나 피자나 치킨을 배달시켜 먹을 때면 아들 셋은 전쟁을 치렀습니다. 일상생활에서야 말할 것도 없었지요.

삼 형제가 초등학생 시절에 있었던 일입니다. 어느 날 첫째가 별것도 아닌 일로 둘째를 괴롭히며 한참 시끄럽게 난리법석을 떨었습니다.

"너 왜 그리 동생을 괴롭혀?"

참다못한 아내가 다그쳐 묻자 첫째가 이렇게 말하더군요.

"그냥 심심해서요."

참 어이없는 대답이었습니다. 그런데 잠시 후 울고 있던 둘째가 벌떡 일어나더니 갑자기 막내 우근이한테 다가가 강아지 짖는 시늉을 하면서 으름장을 놓았습니다. 우근이가 소스라치며 뒷걸음질을 치자 이번에도 아내가 화난 얼굴로 '넌 또 막내한테 왜 그래?' 하며 둘째를 다그치더군요. 그러자 둘째의 대답이 또 황당합니다.

"나도 복수를 해야지. 형한테는 못 하니까 동생한테라도 해야지. 안그러면 나만 계속 당하고 살란 말이야?"

그동안 형에게 당한 게 서러웠던지 둘째는 눈물까지 줄줄 흘립니다.

형제간의 세력 다툼(?)

삼 형제를 키우다 보니 우리 집에서는 이런 상황이 종종 벌어지곤 했습니다. 가만히 살펴보니 첫째는 네댓 살 아래인 동생들이 자기 수준에 안 맞는다며 외면하지만 심심해지면 슬슬 동생들을 찾습니다. 둘째에게는 골려 먹고 장난치는 재미가 쏠쏠한 모양이고, 막내 우근이에게는 싫어하는 행동을 했을 때 화들짝 놀라거나 기겁하는 모습을 보면서 희열을 느끼는 것 같았습니다. 둘째는 그런 형을 미워하면서도 모든 걸 그대로 따라합니다. 막내를 소 닭 보듯 대하다가도 가끔 형에게 당한 서러움을 막내에게 돌려주지요.

우근이는 동물을 좋아하면서도 무서워합니다. 또 폭죽 소리에 민감해서 생일 케익에 초를 켜려고 성냥을 찾으면 당장 방으로 도망가 숨기 바쁘지요. 첫째와 둘째는 막내의 이런 약점을 이용해 동물 흉내를 내거나 성냥이나 라이터로 촛불 켜는 시늉을 하며 우근이를 골탕

먹이곤 합니다. 그렇다고 막내 우근이도 가만히 당하고만 있지는 않습니다. 형들이 공들여 해놓은 숙제나 노트에 낙서를 해놓지요. 그러면 두 형은 분통을 터트리며 울분을 삭이지 못합니다. 이렇게 보니 형제간의 세력다툼 지도가 고스란히 드러나는 모양새입니다.

저는 웬만하면 이런 일에 개입하지 않습니다. 형제자매가 있는 집에서 흔히 일어나는 일이니까요. 다만 정도가 좀 심하다 싶으면 제가 나서서 상황을 종료시킵니다. 예를 들어 우근이가 형들 숙제나 노트, 교과서에 낙서하는 사고를 쳤을 때 첫째와 둘째는 난리가 납니다. 거의 우근이를 잡아먹을 듯 혼쭐을 내지요. 둘이서 우근이에게 한바탕 퍼붓고 나면 제가 나섭니다. 셋 다 앉혀놓고 똑같이 잘잘못을 가려 나무라지요. 이때 막내 우근이라고 해서 예외는 아닙니다. 우근이를 불러놓고 다시는 하면 안 된다고 지적하고 "형, 잘못했어, 다시는 안 그럴게." 하며 사과하도록 유도합니다. 그런 다음 첫째와 둘째가 보는 앞에서 회초리로 우근이의 손바닥을 가볍게 때려줍니다. 당연히 첫째와 둘째가 잘못해도 똑같은 방식으로 대하지요.

과잉보호는 금물

첫째와 둘째는 평소엔 무뚝뚝해도 동생을 곧잘 챙깁니다. 특히 둘째는 한 살 터울로 태어난 동생을 아주 예뻐하고 잘 챙겼습니다. 우근이는 우근이대로 '순수하고 천진난만한 행동'으로 가족은 물론이고 친척들에게도 행복과 웃음을 선사하며 사랑을 듬뿍 받았지요.

그렇다고 가족들이 우근이를 특별하게 대해주지는 않습니다. 우리 집에서 우근이는 삼 형제 중 한 명일 뿐입니다. 이게 자연스럽고 편합니다. 우근이가 장애를 지녔다고 해서 특별한 배려와 관심을 보이라고 요구한다면 형제자매나 친척들은 부담을 느껴 우근이를 가까이 대하지 않으려고 할 수 있습니다. 결과적으로 우근이에게 좋은 일이 아니지요. 장애아에게 특별한 관심과 사랑을 베풀려고 하다가 오히려 아이의 고립을 자초하는 결과를 가져오니까요.

장애가 있다고 해서 특별대우를 해주면 장애 아이와 부모의 관계가 끈끈해지고 점점 과잉보호로 빠져듭니다. 아이가 성장해 부모로부터 독립할 나이가 됐을 때 과잉보호는 자립을 방해하는 장애물이 됩니다. 가정에서는 특별대우를 받을 수 있을지 몰라도 사회에 나가서까지도 항상 그렇게 대우받을 수는 없으니까요.

어차피 가족도 사회의 축소판입니다. 그런 만큼 가정에서부터 장애아를 위한 사회화 교육을 시작해야 합니다. 온실 속 화초처럼 키우기보다는 형제자매 사이에서 적절한 다툼과 협력, 긴장과 이완을 경험하게 하고 삶의 지혜를 배우도록 해야 합니다. 가정은 장애 자녀에게 삶을 체험하는 현장입니다.

형제자매와
같은 학교는 피해라?

둘째는 막내 우근이와 4년 동안 같은 초등학교를 다녔습니다. 자연히 학교에서 종종 마주칠 수밖에 없었지요. 우리 부부는 둘째가 학교에서 든든한 울타리가 되어줄 거라고 생각해서 우근이가 C초등학교에 배정받았을 때 아무 걱정도 하지 않았습니다.

우리 부부의 기대대로 둘째는 성실하게 형 노릇을 했습니다. 우근이와 곧잘 놀아주기도 했지요. 하지만 초등 5학년이 되면서부터는 부쩍 집에 친구를 데려오는 일이 많아지고, 자기가 친구 집에 놀러가는 일도 잦아졌습니다. 또래 집단과의 결속이 강해진 느낌이라고 할까요.

우근이는 그래도 둘째 곁을 늘 맴돌았습니다. 형이 싫은 기색만 하지 않으면 학교든 교회든 늘 따라나섰지요. 그렇다고 해서 우근이가 둘째가 하는 일을 방해하거나 힘들게 하는 것 같지는 않았습니다.

**나 혼자
학교 갈게요** 둘째가 초등 고학년이던 어느 날 막내로
부터 독립을 선언했습니다.

"앞으로는 학교를 우근이랑 같이 갈 수 없어요."

이유를 들어보니 친구 집에 들러서 친구랑 같이 등교를 하겠다고
하더군요. 친구네 집은 늘 가던 길이 아니라 다른 길로 돌아가야 해
서 혼자 집을 나서겠다는 얘기였습니다. 둘째가 커가면서 알게 모르게
동생의 존재를 부담스러워하는 것 같았습니다. 둘째를 야단치며 나무
라는 어머니를 제가 나서서 설득했습니다.

"우근이도 얼마든지 혼자 학교에 갈 수 있으니, 이 기회에 그렇게
하게 해줍시다."

그리고 그날 밤 둘째에게 이렇게 말해주었습니다.

"그래, 너도 홀가분하게 다니고 싶었지? 미안하다. 지금부터라도 우
근이한테 신경 쓰지 말고 친구들과 어울려 다니렴."

하지만 얼마 안 가 둘째에게 도움을 청해야 할 일이 생겼습니다. 우
근이의 알림장을 챙기다 보면 가끔 문구점에서 사 가야 하는 준비물
이 있지요. 보통은 전날 저녁에 집 앞에 있는 문구점에서 미리 구입을
해놓는데 어느 날 갑자기 그 문구점이 문을 닫은 겁니다.

할 수 없이 둘째에게 학교 앞 문구점에서 준비물 사는 걸 좀 도와
달라고 부탁했지요. 그런데 한두 번은 도와주더니 더 이상 못하겠다
고 하더군요. 이유를 물어보니 우근이의 준비물을 사려면 3학년 어린

동생들 틈에 끼어 자기도 똑같은 물건을 사야 하는데 그게 창피하답니다. 발인즉 '5학년 형으로서 체면이 안 선다.'는 것입니다.

서운한 마음을 아내에게 비쳤더니 "둘째가 사춘기가 시작되나 봐요. 당신이 직접 사주는 게 좋겠어요."라고 하더군요. 그러고 보니 둘째가 사춘기에 들어서면서 저항과 일탈이 시작되는 시점이었습니다.

사춘기에 자아가 싹트면서 또래와 주변의 시선을 의식하는 건 자연스러운 일이지요. 또래 집단과의 결속이 강해지면서 동생을 달고 다니는 게 거추장스럽게 느껴질 수도 있는 시기였습니다. 저 나름대로는 초등 고학년이자 형으로서 체면이 있는데, 어린 동생들 사이에 끼어서 똑같은 물건을 사려고 하다 보니 자신이 어린애 취급을 받는 기분이 들어 언짢았을 겁니다. 부모 입장에서는 별 생각 없이 청했던 도움이 둘째에게는 부담이 되었던 거지요. 앞으로는 아무리 사소한 일이라도 신중하게 생각하고 부탁해야겠다 싶었습니다.

각자 자신의 길을 가다   어느 날 우근이가 좀 큰 사고(?)를 쳤습니다. 둘째와 우근이를 등교시킨 후 집안일을 마무리하고 동네 도서관으로 가고 있는데 우근이 담임선생님한테 문자 메시지가 왔습니다.

'우근이가 오늘은 많이 늦네요? 아직 교실에 도착하지 않았습니다.'

어이쿠, 이게 웬일이람. 그때가 10시 20분경이었으니 우근이가 학교에 간 지 두 시간이 지난 시점이었습니다. 저는 당장 가던 길을 돌아와 우근이를 찾아 나섰습니다.

우근이도 그 즈음에는 사춘기가 왔는지 이상한 고집을 부리기 시작했습니다. 예전엔 가라는 길만 가고 시키는 일만 고분고분하게 따라 하던 놈인데, 점점 자기만의 세계가 생기는지 자꾸만 사라졌다가 두세 시간 후에 나타나곤 했습니다. 등교할 때도 마찬가지였습니다. 혼자 어딜 그렇게 쏘다니는지 두세 달 전부터 자꾸 지각을 했습니다. 수업 시작 시간인 아홉 시를 넘겨 교실에 들어오곤 한다고 선생님께서 종종 문자 메시지를 주셨지요.

우근이가 지각하는 일이 잦아지면서 우근이의 등굣길을 두세 번 미행해본 적이 있습니다. 그때 보니 둘째는 집을 나서자마자 우근이와는 남남처럼 저만치 앞서 가더군요. 때로는 우근이가 후다닥 줄달음쳐 형을 앞서 가기도 하는데, 그래도 둘째는 자기 친구들을 만나 이야기에 열중하느라 동생은 안중에도 없었습니다. 처음부터 아예 각자 다른 길로 가는 경우도 많았습니다.

그래도 그날은 우근이가 너무 늦는다 싶었습니다. 등굣길을 되짚어 가보았지만 우근이는 눈에 띄지 않았습니다. 그날 아침에도 우근이는 학교에 간다고 둘째 형을 따라 집을 나섰는데, 형은 학교에 와있고 우근이는 두 시간이 넘도록 교실에 나타나질 않으니 참 알다가도 모를 노릇이었습니다.

점심 시간이 다 되어 학교에 도착하니 공익근무요원이 나를 보자마자 "방금 우근이 반 아이들이 우근이를 데리고 함께 왔어요."라고 하더군요. 통합지원실 안으로 늘어서니 우근이가 저만치서 폴짝폴짝 뛰면서 왔다 갔다 하는 게 눈에 들어왔습니다. 반갑기도 하고 어이가 없기도 했습니다.

점심 시간이 되자 우근이는 태연하게 급식실로 가서 점심을 먹었습니다. 둘째는 둘째대로 마치 무슨 일이 있었냐는 듯 학교생활을 이어 갔지요. '나도 이제 다 컸어요.'라고 시위를 하는 듯 했습니다. 십 대에 들어서면서 둘째는 둘째대로, 우근이는 우근이대로 자신의 길을 가는구나 싶더군요.

이런 일이 있고부터 둘째에게 특별히 부탁을 하지 않기로 했습니다. 뭐든 우근이 혼자 하도록 했지요. 등굣길도 둘째가 신경 쓰지 않게 먼저 가라고 하고, 우근이는 나중에 보냈습니다. 이제는 우근이도 형 없이 등교도 하고, 교회도 가며 모든 걸 혼자 할 나이가 됐으니까요.

 상처 받지 않을까요? 제가 둘째와 우근이의 학교생활을 이야기하면 종종 다른 장애아 부모들이 이렇게 묻곤 합니다. 우근이를 처음부터 형과 다른 학교로 입학시키는 게 더 좋지 않았겠느냐고 말입니다. 학교에서 둘째가 동생이 하는 행동을 보고 부끄러워할 수도 있지 않느냐는 거지요. 어린 나이에 둘째가 부담을 느낄 수도 있고 상처받을 수도 있다는 우려였습니다.

그럴 수도 있겠다 싶어서 하루는 둘째를 불러놓고 조용히 물었습니다. 돌아온 반응은 "난 괜찮아요."라는 쿨한 대답뿐, 불편해하거나 힘들어하는 기색은 없어 보였습니다. 고학년이 되면서 또래와 어울리느라 동생을 귀찮게 여기기는 했지만 특별히 그걸 문제 삼은 적도 없었습니다.

많은 장애아 부모가 일부러 형제자매와 다른 학교를 선택해 장애 자녀를 입학시킵니다. 아이에게 부담을 주지 않으려는 것이지요. 그 마음은 충분히 이해합니다. 하지만 그게 학교생활만 피한다고 해결될 일일까요?

물론 장애가 있는 형제자매의 행동에 민감하게 반응하는 아이들도 얼마든지 있을 수 있습니다. 사춘기 때는 더욱 그럴 수 있지요. 그렇지만 형제자매가 서로를 외면한다고 해서 이 문제가 해결되지는 않습니다. 오히려 직면하고 소통하면서 넘어서야 할 과제이지요. 장애아의 형제자매와 가족부터 통합이 되어야 장애인과 비장애인이 더불어 살아가는 사회의 단초가 만들어집니다. 그게 이웃과 사회, 국가로 확장되는 거지요.

우근이는 중학교도 둘째가 다니는 학교로 진학했습니다. 집에서 가깝기도 했고, 딱히 다른 대안도 없었지요. 우근이가 중학생이 되고 사춘기에 접어들면서 전에 없던 돌출행동을 하기 시작했지만 둘째는 괘념치 않았습니다. 우리 부부도 둘째에게 우근이의 사춘기 행동 문제로 도움을 청한 적이 없습니다. 입학 초에 함께 등교한 적은 있지만 그것도 잠깐이었지요. 최대한 우근이 혼자 등·하교를 하는 것은 물론이고 학교생활도 모두 혼자 감당하게 했습니다. 둘째가 한 학교를 다니고 있다는 사실만으로도 마음이 든든했습니다.

우근이가 중2가 되면서 둘째는 중학교를 졸업했습니다. 고등학교는 서로 다른 선택을 하는 바람에 더 이상 학교에서 서로 마주칠 일이 없게 되었지요.

제가 경험한 바로는, 특별한 사정이 없는 한 형제자매가 함께 한 학교를 다니는 걸 피할 이유가 없습니다. 오히려 한 학교에서 생활하는 것이 서로를 이해하면서 성장하는 데 도움이 된다고 봅니다. 학교에 대한 소속감은 물론이고 한 공간을 지나온 기억을 공유하는 것도 무시할 수 없는 일이니까요. 가끔 어떤 분들은 학령기만이라도 따로 다니는 게 좋지 않겠냐고 말합니다. 하지만 형제자매의 관계는 평생 가는 인연인지라 굳이 피할 이유가 없다고 봅니다. 언젠가 불거질 불화나 불편이라면 어린 시절부터 마주하고 극복해나가는 게 좋습니다.

형제는 무심했다

둘째가 막내로부터 독립을 선언하고 난 후 어느 주말의 일입니다. 어머니께서 우근이가 자전거를 타러 밖에 나갔는데 한참이 지나도 돌아오질 않는다며 안절부절못하셨습니다.

"어디엔가 있겠죠. 기다려봅시다."

말은 이렇게 해놓고 저도 내심 불안해서 여기저기 가봤지만 우근이는 없었습니다. 어느새 여섯 시가 훌쩍 넘었더군요. 노심초사하면서 베란다 밖을 바라보고 있는데 멀리 아파트 정문 쪽에서 헐레벌떡 우근이가 뛰어오고 있는 게 보이더군요. 막상 우근이가 나타나니까 걱정은 사라지고 속에서 열불이 났습니다. 일단은 꾹 눌러 참고 볼이 상기되어 돌아온 우근이를 안아주면서 이렇게 물었습니다.

"우근이, 잘 왔어. 근데 자전거는 어디에 두고 왔어요?"

아무리 물어도 우근이는 대답이 없더군요. 잠시 후 귀가한 첫째와 둘째에게 자초지종을 설명하고 우근이의 자전거가 어디 있는지 찾아 봐달라고 부탁했습니다. 동네를 한 바퀴 돌고 온 첫째와 둘째는 숨을 몰아쉬며 말했습니다.

"우근이가 가볼 만한 곳을 다 뒤져봤는데 자전거는 없어요."

"할 수 없지. 우근이가 새 자전거를 사달라고 일부러 버리고 온 모양이다."

겉으로는 괜찮은 척 두 아들을 안심시켰지만 내심 우근이가 어디를 다녀왔기에 자전거까지 잃어버린 건지 정말 궁금하더군요.

미스터리가 풀리다 다음날, 이번에는 둘째 형의 자전거를 타고 집을 나선 우근이가 돌아와야 할 시간이 한참 지나도록 또 소식이 없었습니다.

"어라? 이놈이 또 어딜 갔지?"

동네를 한 바퀴 돌아봐도 흔적이 보이질 않아서 이날은 작심을 하고 우근이가 갈만한 장소 중에 한 곳인 구립 도서관을 가보았습니다. 우근이가 어릴 때 자주 데리고 다녔던 곳이었지요.

도서관에 도착하니 1층 입구에 떡하니 받쳐놓은 둘째의 자전거가 보이더군요. '옳거니. 여기 와있었구먼.' 그런데 1층 어린이 열람실에 들어가 찾아보니 우근이가 없더군요. 사서 선생님에게 물었습니다.

"선생님, 혹시 우근이 못 보셨나요?"

"방금까지 여기 있었는데 어디로 갔지?"

"아, 그럼 어딘가 있겠죠. 제가 직접 찾아보겠습니다."

"아참, 아버님, 우근이가 어제도 여기 왔었는데 알고 계셨어요? 한참을 여기서 놀기에 아버님하고 함께 온 줄 알았는데 나중에 보니까 혼자 온 것 같더라고요."

"아! 어제 우근이가 자전거를 타다가 사라져 한참 찾았는데 여기에 왔었군요."

"열람실 문 닫을 시간까지 안 나가기에 우근이한테 어서 아빠한테 가라고 말해서 보냈어요."

우근이의 전날 행적에 대한 미스터리가 풀리는 순간이었습니다.

그날 저녁 우근이의 알림장을 체크하는데, 달랑 한 줄 '독서 열심히'라고 써있더군요. 순간 '바로 이거였구나.' 싶어 무릎을 쳤습니다. '우근이가 알림장 내용을 기억하고 어제 오늘 도서관을 간 게로구나.' 그런 줄도 모르고 안절부절못하며 걱정했다니 절로 헛웃음이 나왔습니다. 가슴이 뭉클해져 저는 당장 달려가 우근이를 꼭 안아주고는 이렇게 칭찬해주었습니다.

"우리 우근이, 최고다. 선생님이 내준 숙제를 훌륭하게 해냈구나!"

우근이는 대책 없이 사라진 게 아니었습니다. 연속 이틀이나 사라진 데는 선생님이 숙제로 내준 '독서 과제'를 해결하려는 나름 깊은 속뜻이 있었던 거지요. 이렇게 생각하니 우근이가 더욱 듬직해 보였습니다.

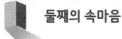

둘째의 속마음

이런 소동이 있고 나서 며칠 후 둘째가 뜻 밖의 고백을 했습니다. 지난 주말에 우근이가 도서관 방향으로 가는 걸 봤다는 겁니다. 둘째의 고백에 따르면 그날의 상황은 이랬습니다.

그날 우근이는 혼자 집 앞에서 자전거를 타며 놀고 있었습니다. 그러다 둘째 형이 집에서 나와 아파트 밖으로 나가는 걸 보고 자기도 그 뒤를 따라나섰습니다. 둘째는 친구 집에 갈 요량이었고, 우근이는 둘째 형 뒤를 졸졸 따라가다가 왠일인지 형을 앞질러 도서관 방향으로 갔습니다. 둘째는 둘째대로 그런 동생을 외면하고 자기가 갈 예정이었던 친구 집으로 훌쩍 가버린 겁니다. 이래놓고 할머니와 엄마·아빠가 노심초사하는 걸 뻔히 보면서도 한 마디도 하지 않았던 겁니다.

답답한 마음에 왜 그랬냐고 따지듯 물어보았습니다. 둘째가 말하기를, 그때 그 얘기를 털어놓으면 엄마·아빠가 화낼까 봐 무서웠답니다. 그게 마음에 걸려 혼자 고민하다가 이제 고해성사하는 거랍니다.

그 일을 겪고 나니 문득 우근이에 대한 둘째의 마음이 궁금해졌습니다. 엄마·아빠와 할머니가 걱정할 때 솔직하게 말했더라면 좋았을 일을 왜 감추었을까요? 아마도 사정을 이야기해봤자 꾸지람만 들을 게 분명하니까 그랬을 테지요.

"너 그렇게 친구가 좋아? 아무리 그래도 동생부터 챙겨야 하는 거 아냐. 동생한테 무슨 일이라도 생기면 어쩔 뻔 했어!"

분명 우리 부부는 이렇게 나무랐을 겁니다. 하지만 이런 말들이 둘째에게는 얼마나 큰 상처가 될까요. 생각만 해도 아찔했습니다. 차라리 뒤늦게 둘째의 고백을 듣게 된 게 다행인지도 모르겠다 싶더군요. 우근이가 없어졌다고 안절부절못하는 부모님과 할머니 앞에서 자신이 한 행동을 고백해야 하나 말아야 하나 고민했을 둘째를 생각하니 마음이 아련해왔습니다. 둘째도 자기 나름대로는 동생 우근이를 챙겨야한다는 걸 알고 있지만 또래와 놀고 싶은 자신의 욕구도 무시할 수없었을 테지요.

"그래, 잘했다. 네 마음 충분히 이해한다. 나중에라도 이야기해주니 얼마나 고마운지 모르겠다."

"아니에요. 다음부터는 잘할게요."

"아니야, 괜찮아. 넌 지금까지 동생에게 잘해왔어. 이제는 동생부터 챙겨야 한다는 생각은 하지 말고 네 갈 길을 가는 거야, 알았지?"

말은 이렇게 했지만 막상 이런 일이 또 닥친다면 실제로 그럴 수 있을지 자신은 없었습니다.

당연한 일은 없다

둘째는 중학교를 졸업하고 충남 홍성에 있는 〈풀무학교〉에 입학했습니다. 그곳에서 3년간 기숙사 생활을 하고 졸업한 뒤, 집으로 올라와 대입 재수를 했지요. 그때 고2였던 우근이는 사춘기의 정점을 달리고 있었습니다.

그나마 둘째가 거의 모든 시간을 학원에서 보내고 집에 있는 시간이 많지 않았기에 다행히 우근이와 부딪힐 일은 없었지요.

둘째가 수능을 하루 앞두고 예비소집에 다녀오는 날, 결국 사단이 나고 말았습니다. 그날은 제가 일이 있어 대신 아내가 둘째와 함께 수능 고사장을 다녀오기로 했습니다. 우근이도 혼자 집에 있으면 심심할까 봐 함께 다녀오라고 했지요. 그런데 차로 왕복 40분이면 충분할 거리를 세 모자가 두 시간이 걸려서야 돌아왔더군요. 둘째는 잔뜩 짜증난 얼굴로 말없이 제 방으로 쏙 들어가버렸고, 우근이는 약간 상기된 얼굴로 중얼거리는 소리를 내며 안절부절못하더군요. 아내도 표정이 좋지 않았습니다. 무슨 일인가 싶어 둘째 방으로 들어가보려고 하는데, 아내가 저를 안방으로 끌더니 문을 닫고 낮은 목소리로 이렇게 말하더군요.

"여보, 오늘 둘째가 우근이에게 고함을 지르며 크게 화냈어요. 예비소집 가는 길이 막혔는데 우근이가 차 안에서 소리를 지르며 떠들었거든요. 가뜩이나 예민해진 둘째가 그걸 참을 수가 없었나 봐요. 우근에게 그렇게 화내는 건 처음 봐서 저도 무척 당황했어요."

듣고 보니 어떤 상황인지 알 것 같았습니다. 둘째는 한 해 전에도 수능을 앞두고 긴장한 탓에 음식이 목에 걸려 고생을 했었지요. 이번에는 재수 끝에 보는 수능이라 더 긴장이 되었던 모양입니다. 얼른 고사장에 다녀와서 쉬고 싶은데 차는 막히고 동생이 계속 떠들어대니 그 소리가 신경에 거슬려 그만 폭발한 것이지요.

뒤늦게 후회가 밀려왔습니다. 둘째가 말은 안 해도 무척 긴장하고 민감한 상태였을 텐데, 아무 생각 없이 우근이를 함께 보냈으니 말입니다. 항상 어릴 적부터 둘째가 동생을 잘 챙겨주어 믿음직하게 생각해온 터라 그날도 당연하다는 듯 동생을 동행시킨 것이지요.

사실 초등학교에 다닐 때부터 둘째는 방학이면 2박3일이나 3박4일 동안 각종 캠프다 뭐다 해서 우근이와 둘이서 다닌 적이 많았습니다. 특히 〈특수교사놀이연구회〉에서 주관하는 〈도깨비 캠프〉는 비장애 형제가 참석할 수 있어서 초등 저학년 때부터 둘이서 함께 다녀왔지요. 부모 입장에선 우근이 혼자 보내는 것보다 형이 함께 가서 마음이 든든했습니다. 둘째도 즐거운 마음으로 스스럼없이 나서주었지요. 이런 일이 반복되다 보니 둘째가 사춘기가 지나 어느덧 성인이 된 지금까지도 그런 믿음이 유지되었던 겁니다. 둘째 입장은 별로 고려하지 않은 채 말이지요.

일단 그날 밤은 넘어가야 했습니다. 수능을 앞두고 극도로 민감한 상태인데 괜히 위로한답시고 말해봐야 긁어 부스럼만 만들 수 있으니까요. 수능이 끝나고서야 저는 둘째에게 그날 일을 사과했습니다.

터놓고 얘기합시다

장애아 부모가 그렇듯, 장애아의 형제자매도 감당해야 하는 힘든 일이 많습니다. 아마도 가장 힘든 건 장애가 있는 형제자매로 인해 느끼는 슬픔과 상실이겠지요. 부모님의 사랑을 장애가 있는 형제자매에게 빼앗기고 부모의 관심 밖으로 밀려나는 일이 많을 테니까요.

더러는 주위 친구들이 장애가 있는 형제자매에 대해 무심코 던진 말이 가슴에 박히기도 합니다. 공공장소에서 장애가 있는 형제자매가 난감한 행동을 해서 당황하기도 하고 수치심을 느끼기도 합니다. 때로는 그게 트라우마가 되기도 하지요. 그런데도 그 아픔을 꼭꼭 숨기고 겉으로는 전혀 티를 내지 않는 아이들이 많습니다.

많은 전문가가 장애아 부모들에게 형제자매를 위한 '특별한' 시간을 마련하라고 조언합니다. 장애가 있는 형제자매로 인해 느끼는 부담과 장애가 있는 형제자매를 돌봐야 한다는 책임감의 굴레에서 벗어날 수 있는 시간이 아이들에게 필요하다는 얘기지요. 자신의 감정을 솔직하게 털어놓고 소통하는 것만으로도 아이들의 마음속에 응어리진 상처가 어느 정도는 치유될 수 있을 테니까요.

우근이는 커서 어떻게 살아요?

수 년 전 고등학생이 된 첫째 아들이 엄마·아빠에게 이렇게 물은 적이 있습니다.

"우근이는 커서 누구하고 어떻게 살아요?"

"그거야 우근이도 나름대로 독립해서 살아가야지. 엄마·아빠도 그 길을 찾고 있는 중이야. 너는 너대로 동생은 동생대로 각자 자기 길을 찾아 열심히 사는 거지. 그러면 도움이 필요할 때 서로에게 손 내밀 수 있는 든든한 언덕이 될 수 있지 않을까?"

"그럼 우리가 자립해서 잘사는 게 우근이한테도 도움이 되겠네요. 우근이를 위해서 내가 뭘 해야 할까 고민했는데, 엄마·아빠가 그렇게 말씀해주시니까 마음이 편해지는데요."

그동안 무심하게만 보이던 첫째가 그래도 맏형이라고 내심 동생의 미래에 대해 나름 상상해보는 모양이었습니다.

첫째는 막내 우근이와 다섯 살 터울입니다. 우근이가 같은 초등학교에 입학했을 때 첫째는 곧 중학생이 되었고, 중학교를 졸업하자마자 〈풀무학교〉에 진학해 집을 떠났기 때문에 우근이와 한 학교를 다닌 적이 없습니다.

〈풀무학교〉에서는 한 학기에 두어 번 학부모 참여 행사가 열립니다. 우리 부부는 매번 우근이를 데리고 참석했지요. 첫째는 친구들에게 스스럼없이 우근이를 소개했습니다. 친구들도 첫째의 동생이라고 반갑게 인사하며 우근이를 챙겨주었지요. 이런 일이 반복되다 보니 나중에는 〈풀무학교〉에서 우근이를 모르는 학생이 거의 없을 정도였지요.

같이 학교를 다닌 적은 없는 대신 첫째는 각종 학교 행사나 가족 모임을 통해서 우근이와 시간을 많이 보냈습니다. 티내지 않고 동생을 챙기며 스킨십도 자주 시도했지요. 물론 우근이는 장애 특성상 스킨십을 무척 싫어했지만, 그럴수록 첫째는 일부러 우근이의 어깨를 끌어안으며 장난을 쳤습니다.

이랬던 첫째가 집안의 맏이로서 동생의 미래를 걱정하는 모습을 보니 부모로서 마음이 든든했습니다. 그렇다고 해서 첫째나 둘째가 부모 몫의 역할을 해주었으면 하는 기대는 하지 않습니다. 우근이가 자기 나름대로 독립된 삶을 살아가도록 해주는 건 우리 부부의 희망이자 도전이기도 하니까요.

책임감의 굴레

저는 장애가 있는 형제자매로 인해 어려움을 겪은 사람을 종종 만납니다. 제가 회사를 운영하던 시절에 모든 직원이 저의 막내아들에게 장애가 있다는 사실을 알고 있었지요. 그래서인지 어느 날 여직원 한 명이 자신의 동생에게도 장애가 있다고 털어놓았습니다. 어린 시절에 동생으로 인해 겪은 마음고생을 털어놓으며 눈시울을 붉히더군요.

그 여직원은 부모님이 장애가 있는 동생만 감싸고 배려했다고 말했습니다. 자신의 모든 행동과 말은 제지를 당했다고 하더군요.

"동생한테 하는 짓이 그게 뭐니?"

"네가 더 잘해야지."

"네가 두 몫을 해야지. 왜 똑같이 철없이 놀려고 그래?"

한마디로 동생은 특별한 존재였습니다. 자신은 무조건 양보해야 했고, 동생을 위해서 하고 싶은 것도 참고 마음대로 행동하지도 못했다고 했습니다. 이 경험이 오히려 동생에 대한 증오와 부모에 대한 반발을 불러일으켜서 사춘기 때까지 동생에게 아주 못되게 굴었다고 고백했습니다. 가능한 한 동생과의 접촉을 피하려고 했고 동생이라는 존재를 잊으려고 노력했다고 합니다. 성인이 된 지금은 동생을 받아들이고 사랑하게 되었지만, 아직도 어린 시절에 받았던 상처가 쉽게 아물지 않는다고 말했습니다.

장애가 있는 동생을 둔 언니가 결혼을 포기하는 경우도 봤습니다. "난 동생 때문에 결혼할 기회를 놓쳤고, 결혼할 수도 없었다."고 말하더군요. 왜 동생이 언니의 인생까지 옭아매는 존재가 되었을까요? 아마도 그건 어릴 때부터 무의식 중에 형성된 '내 동생은 내가 책임져야 한다'는 굴레 때문이 아닐까요. 그 굴레는 부모가 만들어준 것일 가능성이 높습니다.

부모 입장에서는 장애가 있는 자녀를 더 걱정하고 특별하게 생각할 수밖에 없습니다. 하지만 그로 인해 발생하는 형제자매간의 불화는 이처럼 감당할 수 없는 결과를 가져오기도 합니다. 장애 자녀를 배려한다는 이유로 그 형제자매에게 근본적인 욕구를 해소할 수 있는 기회를 빼앗거나 무리하게 희생을 요구하여 그들에게 씻을 수 없는 상처를 남기는 일은 피해야 합니다.

"열 손가락 깨물어 안 아픈 손가락 없다."고 합니다. 자녀를 둔 부모라면 다 공감할 테지요. '장애가 있는 아이는 특별하니까.' '멀쩡한 놈은 스스로 알아서 잘해야지.' 이런 부모의 생각과 여기서 비롯된 태도가 비장애 형제자매에게는 상처가 됩니다. 열 형제자매 모두 똑같이 사랑하고, 똑같이 나무라고, 똑같이 예뻐하고, 똑같이 미워해야 합니다. 장애가 있는 아이도, 장애가 없는 아이도 똑같은 욕구와 권리를 갖고 태어났다는 걸 잊지 말아야 합니다.

'부모'보다는
'부부'로 산다

"여보, 이 사진 좀 봐요."

어느 날 아내가 사진 한 장을 내밀며 자랑을 늘어놓았습니다.

"아이들이 찍어준 사진인데 나 괜찮아 보이지 않아요?"

"그러게. 무슨 공주님 사진 같아 보이네."

그러더니 어느 날 제 다이어리 표지 안쪽에 그 사진을 슬그머니 꽂아두었더군요. 사진 속 아내가 환한 웃음을 싱그럽게 보내옵니다. 자세히 들여다보니 아내의 얼굴에 세월의 흔적이 쌓여가고 있더군요.

아내 사진은 제 지갑 속에도 있습니다. 젊은 시절 우리 부부의 사진이 꽂혀있지요. 휴대전화 배경화면에는 수년 전 어느 수목원에 가서 함께 찍은 부부 사진을 깔고 있습니다. 이렇게 연인처럼 저는 하루에도 수십 번 아내를 만납니다.

부부의 '행복'도 중요하다

휴대전화 배경화면 사진을 딱 한 번 바꾼 적이 있습니다. 우근이가 초등학생일 때 아내가 우근이를 미용실에 데리고 가서 파마를 시켜주었는데, 난생 처음 한 파마머리가 우근이한테 어찌나 잘 어울리던지 얼른 휴대전화로 사진을 찍어 휴대전화 배경화면으로 올렸지요.

그 후로 한동안 그 사진을 여기저기 자랑하며 보여주고 다녔습니다. 한데 이게 웬일? 제가 자랑을 하면 상대방도 어김없이 자신의 휴대전화에 담은 아이 사진을 들이밀며 면박을 줍니다. "자기 자식 안 예쁜 부모 있으면 나와보라고 해."라고 하면서 말이지요. 순간 민망하더군요. 제 아들 자랑은 거기까지였습니다. 이젠 됐다 싶어서 휴대전화 배경화면을 당장 우리 부부 사진으로 바꿨습니다.

저는 일상생활에서 자식보다 우리 부부를 먼저 생각합니다. 밥상에 맛있는 음식이 있으면 아내에게 먼저 권하지요. 아이들이 달려들면 우리 몫을 남기고 따로 덜어줍니다. 집안 청소나 설거지를 할 때도 아이들과 함께합니다. 아이를 위한다고 우리만 희생하지 않습니다.

제가 이렇게 할 수 있었던 건 장애인 부모 운동에 참여하면서 라쉬공동체를 알게 된 덕분이기도 합니다. 라쉬공동체는 발달장애인과 비장애인이 함께 살아가는 생활밀착형 공동체입니다. 가장 약한 자(장애인)를 통해 삶의 지혜를 얻고 더불어 행복하게 살아가는 것이 라쉬공동체가 추구하는 목표이지요. 저는 그 정신에 매료되었고, 우리나라에 라쉬공동체의 설립을 준비하면서 삶의 무게를 내려놓는 인생의 지혜를 배웠습니다. 장애가 있는 우근이를 있는 그대로 받아들이고 아끼고 사랑해주는 법도 알게 됐지요. 무엇보다 우근이를 최소한으로 지원하여 간섭을 줄이고 독립적으로 키워야 한다는 나름의 교육철학도 세울 수 있었습니다. '불가근불가원(不可近不可遠)'. 그러자 우근이의 얼굴도 밝아지더군요. '그래, 바로 이거다.' 저는 중얼거렸습니다.

"부모도 한 인간으로서 삶이 있는 법. 우근이도 자신만의 삶이 있는 거고. 부모로서만이 아니라 부부로서 삶도 중요하다. 나는 나대로 내 삶을 꾸려가자."

그 깨달음 이후로 저와 아내는 삶의 질을 높이려는 노력을 게을리하지 않았습니다. 취미 생활을 하거나 여행을 하기 위해서는 과감하게 지갑을 열었습니다. 자녀교육은 그 다음입니다. 아이들에게 사교육을 시키지 않고 그 돈으로 차라리 여행을 갔습니다. 물론 아내는 저와 달리 아이들 교육에 나름대로 신경을 많이 씁니다. 그때마다 딴죽을 걸며 말리는 게 제 역할이었지요.

저는 미래 설계도 우리 부부가 먼저라고 생각합니다. 아들 셋을 일찍 독립시키는 게 우리의 목표입니다. 삼 형제에게 성년식을 치르는 나이가 되면 독립해서 생활해야 하며 경제적으로도 자립해야 한다고 어릴 때부터 틈만 나면 밥상머리 교육을 했습니다.

지금 첫째와 둘째는 집에서 독립했습니다. 아직 대학생이라서 경제적으로는 완전히 자립하지 못했지만, 나름대로 장학금을 받거나 아르바이트를 해서 제한적으로나마 경제적 독립을 위해 애쓰고 있습니다. 대신 격주로 '가족독서모임'에 참석하러 집에 옵니다. 그 전에는 집에 오는 일이 드물었지요. 집에 오더라도 아들만 셋이다 보니 워낙 말수가 적었습니다. 안 되겠다 싶어서 2년 전부터 '가족독서모임'을 만들어 운영해오고 있습니다. 자녀가 성인이 되면 부모와 독립적으로 사는 게 당연하지만 가족간의 소통은 여전히 중요하다고 생각하기 때문에 앞으로도 꾸준히 가족독서모임을 운영할 계획입니다.

자식을 사랑하지 않는 부모가 어디 있을까요? 하지만 자식을 진정으로 사랑한다면 아이 스스로 일찍부터 독립적으로 생각하고 생활할 수 있도록 해야 한다고 저는 믿습니다. 자식들에겐 부모가 거울이자 멘토입니다. '자식은 부모 뒷모습을 보며 배우고 자란다.'고 하지 않습니까? 우리 부부가 열심히 행복하게 살면 그게 부모 역할인 거지요.

 달콤한 외출을 꿈꾸다 우리 부부는 아들 셋을 낳고 맞벌이를 하며 정신없이 살았습니다. 어머니께서 함께 살면서 아이들을 돌봐주고 건사해주셨지만, 그래도 부부 둘만의 시간을 내어 외출이나 여행을 한다는 건 꿈조차 꿀 수 없었습니다.

아이들이 있는 집이면 다 그럴 테지만 해마다 가는 여름휴가도, 유원지나 놀이터 나들이도, 심지어 쇼핑이나 영화 관람도 어머니와 아이들 그리고 동생 가족과 함께 나섰습니다. 게다가 막내가 자폐성 장애이다 보니 다른 시도를 해볼 엄두도 내지 못했습니다. 뭘 하든 막내를 중심에 놓고 계획했지요. 가뭄에 콩 나듯 어쩌다 한 번 있는 부부 동반 모임도 어머니가 특별히 배려해주셔서 다녀오는 정도였습니다. 그렇다 보니 '부부 둘만의 외출'에 대한 갈증은 커져만 갔습니다.

어느 봄날, 저는 시원하게 뚫린 중부 고속도로를 달리고 있었습니다. 제 옆 좌석에는 사랑하는 여인이 앉아있었죠. 저는 무릎 위에 놓인 그녀의 손을 꼭 잡아주었습니다. 따스한 느낌이 전해져오며 가슴이 벅차올랐습니다.

1차 행선지는 대관령 목장이었습니다. 목장으로 난 오솔길을 따라 나란히 거닐면서 우리는 어깨동무를 하고 오순도순 이야기도 나누고 사진도 찍었지요. 아, 이게 얼마 만에 누려보는 낭만이란 말인가?

그녀와 나는 다시 차를 몰아 속초로 향했습니다. 몇 번 가보았던 대포항 어시장을 찾아가 싱싱한 회 한 접시를 주문해 먹은 후 바닷바람을 맞으며 방파제 길을 걸었습니다. 잔잔한 파도가 밀려와 방파제에 부딪히면서 철썩철썩 소리를 냈습니다.

"시간이 참 빠르네요. 이런 여행을 와본 기억이 까마득해요."

"앞으로는 우리만의 시간을 충분히 가져봅시다. 세월이 우릴 마냥 기다려주지만은 않으니까."

우린 그날의 최종 목적지인 오대산으로 향했습니다. 저녁 무렵 오대산 월정사 인근에 있는 K호텔에 도착했습니다. 다음날 아침에는 월정사 입구에 있는 전나무 숲을 거닐며 다정하게 이야기를 나눌 수 있으리라. 호텔 프런트에서 체크인을 하고 난 다음 시원한 맥주도 한잔 할 겸 1층 로비에 있는 카페로 가려고 엘리베이터를 탔습니다. 우리 둘뿐이기에 저는 그녀의 어깨를 감싸고 볼에 가벼운 키스를 해주었죠. 그 순간, 엘리베이터가 갑자기 쿵 하더니 정전과 동시에 멈춰 섰습니다. 잠시 후 몸이 붕 뜨는 느낌이 들더니 천 길 낭떠러지로 추락하더군요. 저는 젖 먹던 힘까지 써가며 그녀를 감싸 안고 외쳤습니다.

"여보, 날 꽉 잡아!"

누군가 저를 흔들었습니다. 저는 한없이 버둥대고 있었지요.

"무슨 꿈을 그렇게 요란하게 꿔요. 일어나서 밥 먹어요, 밥."

아, 이럴 수가! 아내가 저녁 식사를 차리는 동안 잠깐 거실 소파에서 눈을 붙인다는 게 그만 그대로 곯아떨어진 모양이었습니다.

해마다 저는 '아내와 단둘이 여행하기'라는 계획을 세우고도 막상 부부끼리만 집을 나서지 못했습니다. 장애가 있는 막내 우근이가 마음에 걸려서, 혹은 어머니께서 몸이 불편하셔서 등등 이런저런 이유로 매번 말잔치로 끝나고 말았지요. 그래서 그해에는 반드시 가고야 말리라는 마음으로 동생에게 집을 봐달라고 특별히 부탁까지 해놓았는데 또 떠나지 못한 겁니다. 동생 부부에게 사정이 생긴데다가 5~6월은 집안 행사가 많아 아내로서는 어머니 눈치가 보였던 것이지요.

제 딴에는 그 아쉬움이 컸나 봅니다. 짧은 꿈속에서까지 외출을 감행한 걸 보면 말이지요. 허나 어쩌겠습니까. 우리의 현실은 늘 소망과 다른 것을. 입가에 묻은 침을 손으로 훔치며 어기적어기적 식탁으로 가서 밥술을 뜨니 아내가 묻습니다.

"무슨 꿈을 그렇게 꾼 거예요?"

"응~, 달콤한 외출."

"당신도 참."

나는 '야한'(?) 외출이 좋다

결혼 10년 차가 되어가던 해, 우리 부부는 힘든 시간을 보내고 있었습니다. 막내가 장애 진단을 받은 뒤 아내는 곧바로 휴직을 하고 아이와 함께 치료실을 전전하고 있었지요. 저는 저대로 회사 운영에 매달리느라 아내에게 따스한 위로의 말 한마디 해주지 못했습니다. 둘 다 몸과 마음이 지칠 대로 지쳐있었지요. 이래서는 안 되겠다 싶어 아내에게 결혼 10주년을 핑계 삼아 둘만의 여행을 가자고 제안했습니다.

사실 10년 전, 우리 부부는 신혼여행을 제주도로 갔습니다. 원래는 속초로 가서 설악산을 등산하려고 양양행 비행기를 예약해놓았는데 출발 당일 기상악화로 갑자기 비행기가 결항했습니다. 다행히 카운터 직원이 제주도행 비행기 표로 바꿔줄 수 있다고 해서 아내와 저는 무작정 제주도로 행선지를 바꾸었지요.

아무 대책 없이 도착한 제주도에서 우리 부부는 등산복 차림으로 이곳저곳을 기웃거리며 헤매고 다녔습니다. 그때 아내에게 약속했지요. 일 년 후에 준비를 잘 해서 좀 더 환상적인 제주도 여행을 하자고 말이지요. 그 약속을 무려 10년이 지나서야 지킬 수 있게 된 겁니다.

결혼 10년 만에 단 둘이 떠난 '외출'은 참으로 달콤했습니다. 그동안 감히 꿈꿀 수 없었던 둘만의 시간과 공간을 누렸고, 못 다한 이야기를 원 없이 나누었습니다. 막내가 장애 진단을 받은 후 힘든 시간을 보냈던 우리 부부는 그 여행으로 다시 살아갈 힘을 얻었지요. 외출이 주는 선물은 바로 이런 게 아닐까요?

'외출(外出)'이라는 말의 사전적인 의미는 '집이나 근무지 따위에서 벗어나 잠시 밖으로 나감'입니다. 하지만 우리 부부에게 외출은 그 의미가 더 각별합니다. 우리 부부는 신혼 초부터 어머니와 동생들과 함께 살았고, 동생들이 하나둘씩 떠나면서 그 자리를 아들 셋이 채웠습니다. 넓지 않은 집에 여섯 식구가 살다 보니 단 둘이 누릴 수 있는 시간과 공간을 확보하는 건 불가능에 가까웠지요. 부부 사이에서 자연스럽게 할 수 있는 애정 표현도 큰 맘을 먹어야 가능했고, 야한(?) 부부관계는 늘 불완전하고 불안할 수밖에 없었지요. 이러니 우리 부부가 '집에서 벗어난다'는 건 아주 특별한(?) 의미가 있다고 할 수 밖에요. 이게 저만의 엉뚱한 생각일까요?

우리 가족은 새해의 다짐이나 목표를 각자 적어서 식탁 유리 밑에 눌러놓습니다. 올해 저의 다짐에는 '날마다 아내에게 애정 표현하기' '철마다 아내와 단 둘이 여행하기'가 있습니다. 그런데 실천하기가 여간 어렵지 않습니다. 그래도 해마다 이 내용은 빠지질 않는답니다.

어느 날 이웃집 부부가 놀러 와서 제가 쓴 다짐을 보더니 웃으며 한 마디 하더군요.

"이 집 부부는 외출을 좋아하시네요."

맞습니다. 저는 산과 들, 바다와 바람과 함께 하는 '야(野)한' 외출을 꿈꿉니다. 가능하면 자주, 힘들어도 일 년에 한 번은 야한 외출을 떠나고 싶습니다. 여행 파트너는 당연히 저의 사랑스런 아내이지요.

 서로 존중하며 사랑하며 우리 부부는 달라도 너무 다릅니다. 그래서 부딪히는 게 한두 가지가 아니지요. 우근이 문제를 놓고도 수없이 논쟁을 벌였습니다. 갈등과 스트레스를 해소하는 방법도 서로 다릅니다. 저는 주로 여행을 통해 코에 바람을 쐬어야 스트레스가 해소되지만, 아내는 도서관에서 책 읽기에 몰입하면서 혼자만의 시간을 갖습니다. 아내에게 여행은 학습이자 일이고, 저에겐 충전의 시간입니다.

유럽자동차여행 도중 체코 프라하에 있는 성에 갔을 때의 일입니다. 그날따라 너무 피곤했던 저와 세 아들은 잔디밭에 벌러덩 드러누워 낮잠을 청했습니다. 한숨 푹 자고 일어나니 아내는 옆에서 책을 읽고 있더군요. 아내가 뾰로통한 얼굴로 한마디 했습니다.

"더 늦기 전에 성 안에 있는 박물관이랑 미술관을 보러 갑시다."

전 이대로 푹 쉬고 싶다는 생각뿐이었습니다.

"여보, 오늘은 일찍 캠핑장으로 돌아가면 안 될까?"

아내는 제 말을 듣더니 화를 버럭 내더군요.

"여기까지 왔는데 잔디밭에서 잠만 자다가 그냥 갈 거예요?"

아내는 여행을 왔으면 '뭔가를 찾아 관람하고 배우면서 일정대로 움직여야 한다.'는 입장이었습니다. 그러니 제 말에 얼마나 화가 나겠습니까. 아내는 지금도 그날 일을 떠올리면 부아가 치민다고 합니다.

결혼하고 처음엔 상대를 자신의 기준에 맞게 바꾸려고만 들었습니다. 겪어보니 그건 불가능한 일이더군요. 살면서 서로의 차이를 이해하고 수용하는 길밖에 없다는 걸 차츰 깨달았습니다. 물론 아직도 서로에게 거슬리는 말과 행동이 많지만 이제는 웬만하면 눈감고 넘어갑니다. 여러 가지 어려움 속에서도 아내와 제가 나름대로 원만하고 행복한 부부관계를 유지할 수 있었던 비결은 이런 게 아닐까요?

흔히 부부는 궁합이 맞아야 잘 산다고 합니다. 하지만 지구상에 살고 있는 60억이 넘는 인구 중에서 딱 두 사람이 만나 부부가 되는데 타고난 궁합이 따로 있을 리 없습니다. 그보다는 서로 맞춰가며 살아가야지요. 그것도 무작정 서로에게 맞추는 게 아니라 서로를 존중하며 사랑하며 맞춰 살아가는 것, 그게 바로 찰떡궁합이 아닐까요?

우근이도 고등학교를 졸업하면서 이제
부모를 떠나 자립생활을 할 시간을 맞았습니다.
우근이는 어떤 삶을 선택해야 할까요?
장애인은 언제 어떤 식으로 자립생활을
시작해야 할까요? 독립해서 사는 쪽을
선택한다면 어떤 방법이 있을까요?
이 질문을 우리 부부는 벌써 몇 년째
우근이에게 묻고, 우리 스스로에게도
묻고 있습니다.

6장

지역에서
'자립'을
꿈꾸다

장애인과 자립생활

장애인도 군대에
갈 수 있는 기회를

대한민국 성인 남자라면 신성한 국방의 의무를 수행해야 합니다. 누구든 예외가 될 수는 없지요. 아들을 셋이나 두었기에 저는 자식 군대 보내는 일을 숙명처럼 받아들였습니다.

첫째는 대학 2년을 마치고 휴학하여 군 입대를 준비했습니다. 막내 우근이가 중3이던 해에 육군 특공연대에 입대했지요. 5주 정도의 신병 교육 훈련을 마치고 가족을 면회하는 날, 우리 부부는 우근이가 다니는 학교에 현장 체험 학습을 신청하고 다 함께 첫째의 훈련소 수료식에 참석했습니다.

수료식은 부대 안에 있는 강당에서 오전 10시경부터 진행될 예정이었습니다. 우리는 미리 부대에 도착하여 이곳저곳을 둘러보았지요. 우근이는 군복 입은 군인들을 보더니 신기해하더군요. 간간이 주변 교육장에서 들려오는 총성에 손으로 귀를 틀어막기는 했지만요.

  그 후로 우근이는 사촌 형들이 군에 입대할 때마다 학교에 현장 체험 학습을 신청하고 아빠와 함께 군부대를 방문했습니다. 이런 일이 여러 차례 반복되면서 저도 모르게 막내 우근이도 장래에 군복을 멋지게 차려입고 의젓한 모습을 보여줄 날이 오지 않을까 은근히 기대하게 되었습니다.

장애인과 군대

첫째 아들과 조카들이 줄줄이 군에 입대하는 걸 보면서 우근이도 군대 생활을 할 수 있으면 좋겠다는 바람을 갖게 된 후로 저는 군부대로 면회를 갈 때면 항상 우근이와 동행했습니다.

  우근이는 부대에 도착하자마자 가장 먼저 정문 경비를 서는 군인들에게 눈인사를 하고는 위병소 이곳저곳을 기웃거렸습니다. 제가 면회 신청을 하는 동안에는 정문 근처에 있는 매점(PX)으로 달려갔지요. 저는 그곳에서 물건을 진열하고 판매하는 현역 병사를 바라보면서 나중에 우근이가 군대를 가게 되면 PX병이 하는 임무는 잘할 수 있지 않을까 하며 상상의 나래를 펼치기도 했습니다.

  사실 우근이는 발달장애(자폐성 장애) 1급으로 등록되어있는 상태라서 아무리 군대에 가고 싶어도 갈 수가 없는 처지입니다. 그래도 만약 장애인에게도 대한민국 남자로서 군에 입대할 수 있는 기회가 주어진다면 저는 우근이의 군 입대라는 선택을 하고 싶습니다. 우근이도 대한민국 사나이로서 국방의 의무를 성실히 수행하기를 바랍니다.

군대 생활을 해본 저로서는 치명적인 질병이나 중증장애가 있는 게 아닌 이상, 적절한 훈련 과정을 소화해낼 수만 있다면 장애인도 군대 내에서 할 수 있는 보직을 얼마든지 찾을 수 있다고 봅니다. 또 군 입대를 희망하는 장애인이 있다면 국가가 그 길을 열어줄 방법을 찾아야 하지 않을까 하는 생각도 해봅니다. 군대 내에는 수많은 보직이 있습니다. 또 보충역, 공익 근무, 대체 복무, 산업체 파견 등도 있으니 뜻만 있다면 방법은 무궁무진할 듯합니다.

장애인에게도 군대에 갈 수 있는 길이 열린다면 발달장애인에게 적합한 보직이 주어질 것이고, 그렇다면 우근이가 보란 듯이 군 생활을 잘해낼 거라 믿습니다. 우근이가 맡은 보직을 무난히 수행할 수 있도록 국가가 책임지고 지원을 할 테니까요. 우근이가 멋진 군인이 되는 저의 이런 상상이 언젠가 현실화되지 않을까요?

병역판정검사 안내문을 받다

드디어 우근이가 고3이 되던 해, 병무청에서 우편물이 날아왔습니다. 첫째와 둘째는 고등학교를 졸업한 다음 해에 '병역판정검사 안내문'이 담긴 우편물을 받았습니다. 하지만 우근이는 초등학교 입학을 일 년 유예해서 형들과 달리 고3이 되면서 받게 된 겁니다.

막상 '병역판정검사 안내문'이 담긴 우편물을 받고 보니 '아, 그러고 보니 우근이가 벌써 군대에 갈 나이가 되었구나.' 싶어 조금 놀랍기도 하고, 한편으로는 반가운 마음도 들었습니다. 그런데 우편물을 열어 보니 제 예상과는 달리 '등록 장애인에 대한 병역처분절차 안내문'이 들어있더군요.

대한민국 국민인 남자는 병역법 제11조에 따라 만 19세가 되는 해에 병역판정을 받아야 합니다. 하지만 장애인으로 등록된 경우에는 별도의 신청 없이 병무청이 직권으로 장애인 관련 서류를 확인하여 병역판정 검사 대상과 병역면제 대상 여부를 결정하고 그 결과를 당해년 말까지 통보해줍니다.

이 안내문에 따르면, 등록 장애인은 병역법에서 규정한 면제 기준과 일치한다고 판단되는 경우 병역면제 처분을 받습니다. 그렇다면 우근이에게는 군대에 갈 수 있는 기회 자체가 아예 주어지지 않을 가능성이 높아 보였습니다.

좀 아쉬운 마음이 들었습니다. 장애가 있는 사람은 군대 생활이 정말 불가능한 것일까요? 군대 내에 있는 수많은 보직 중에서 장애인이 감당할 수 있는 직책을 하나쯤은 찾을 수 있지 않을까요? 자폐성 장애가 있는 청년은 군대 내에서 할 수 있는 일이 정말 아무것도 없을까요? 대한민국 남자로서 병역의 의무를 성실히 수행하겠다는 장애인에게 국가가 그 길을 열어줄 수는 없는 걸까요?

안타까운 마음에 병역법을 찾아서 자세히 살펴보니 '질병 및 심신장애로 병역을 감당할 수 없는 사람'은 병역면제 처분을 내릴 수 있다고 명시되어있더군요. 장애인 당사자 입장에서 보면 이건 국가가 장애인에게 병역의 의무를 수행할 기회조차 주지 않는 거지요. 대한민국 국민의 한 사람으로 국방의 의무를 수행할 수 있는 기회인데 말이죠. 저의 이런 생각이 너무 과한 걸까요?

이제 제가 꿈꾸던 우근이의 군 생활은 현실화되기 힘들어졌습니다. 대신 올 여름 둘째가 군에 입대했습니다. 둘째가 입대하는 날에도 우근이는 우리 부부와 동행했습니다. 아쉬운 마음은 지금도 여전하지만, 어쩔 수 없이 둘째가 의젓하게 군 생활하는 모습을 지켜보는 걸로 만족해야 할 것 같습니다.

발달장애인과
자립생활

　예전에 우리 아파트 단지에는 우근이 말고도 또 한 명의 장애 청년
이 있었습니다. 우근이가 초·중학교에 다니던 시절에 길거리에서 자주
마주치곤 했는데, 항상 느린 걸음으로 큰 소리를 내며 동네를 돌아
다녔습니다. 몇 미터 뒤에서는 그림자처럼 청년의 어머니가 따라다니고
있었지요. 들리는 말로 교통사고 후유증으로 뇌손상을 입었다고 하
더군요. 그런데 어느 해부터인가 그 청년이 보이질 않았습니다.

　그러다 지난해 우근이의 장래 설계를 위해 우리 지역에 있는 장애
관련 기관을 찾아다니던 중에 우연히 그 청년을 다시 만났습니다. H단
기보호센터에서 생활하고 있더군요. 센터 선생님 말씀으로는, 나이 드
신 어머니가 더 이상 뒷바라지할 기력이 없어서 아들을 이곳에 입소시
켰다고 했습니다.

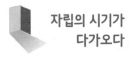

자립의 시기가 다가오다

한 번은 이런 일도 있었지요. 우근이가 고1 무렵, 경의중앙선을 타고 한강 자전거 길에 놀러간 적이 있습니다. 팔당역에서 내려 자전거를 빌려 탄 다음 우근이가 앞서가고 제가 뒤를 따랐습니다. 그런데 얼마 못 가서 제가 탄 자전거의 체인이 벗겨지고 말았습니다. 그 바람에 앞서가던 우근이가 순식간에 시야에서 사라지고 말았지요. 체인을 고치고 곧바로 따라갔지만 한참을 가도 우근이는 흔적도 보이질 않았습니다.

양평군에 있는 양수리역에 다다랐을 때 반대편에서 오는 라이더를 붙잡고 혹시 자폐성 장애가 있는 남자 고등학생을 보셨냐고 물었습니다. 대여섯 분한테 물어봤지만 아무도 못 봤다고 하더군요. 그중에 한 분이 가던 길을 멈추고 다시 저에게 다가와 이것저것 물어보더군요. 일흔이 다 된 자신에게도 장애가 있는 아들이 있는데, 지금은 생활시설에 있다고 하면서 제게 용기 내라고 격려를 해주셨습니다.

제가 만난 성인 장애인 부모들은 대부분 비슷한 선택을 하는 것 같았습니다. 자녀의 나이가 삼사십 대에 들어서고 부모도 자녀를 감당하기 힘들어지면 그때서야 서둘러 시설을 선택하는 것이지요.

영화 〈채비〉에는 발달장애가 있는 아들을 평생 혼자 감당해오던 어머니가 어느 날 갑자기 뇌종양 진단을 받으면서 아들과 헤어질 준비를 하는 이야기가 나옵니다. 어머니는 혼자 남겨질 아들이 스스로 살아갈 수 있도록 자립을 준비시키지요.

우근이도 고등학교를 졸업하면서 이제 부모를 떠나 자립생활을 해야 할 시간을 맞았습니다. 우근이는 어떤 삶을 선택해야 할까요? 장애인은 언제 어떤 식으로 자립생활을 시작해야 할까요? 독립해서 사는 쪽을 선택한다면 어떤 방법이 있을까요? 이 질문을 우리 부부는 벌써 몇 년째 우근이에게 묻고, 우리 스스로에게도 묻고 있습니다.

'당사자주의'에 대한 이견

우리 부부는 우근이가 초등학교에 입학하기 전부터 장애인의 자립생활에 관심이 아주 많았습니다. 그 무렵에는 장애인의 자립생활이 사회적 이슈이기도 했고, 90년대 말에 일본의 장애인 자립생활 운동가 나까니시 쇼우지가 한국에 '자립생활(Independent Living) 이념'을 소개하면서 여기저기서 관련 세미나가 많이 열리기도 했으니까요. 당시 저는 모든 세미나를 놓치지 않고 찾아다녔습니다.

'자립생활 이념'란 장애인 스스로가 자신이 어떤 방식으로 살아갈지를 직접 설계하고 결정하는 것을 말합니다. 여기서 중요한 건 부모나 타인의 개입을 최소화하고 장애인 당사자가 주체적으로 '자기선택권'과 '자기결정권'을 행사해야 한다는 것입니다. 즉 부모로부터 독립하여 자립생활을 하기까지 전 과정에서 요구되는 모든 의사결정과 선택을 장애인 당사자가 직접 해야 합니다. 이를 '장애인 당사자주의' 원칙이라고 부릅니다.

저는 관련 세미나를 찾아다닐 때마다 이 '장애인 당사자주의'에 대해 의문을 갖지 않을 수 없었습니다. 물론 지적 능력이 있고 의사표현이 가능한 신체장애인은 당사자주의에 걸맞게 스스로 삶의 방식을 결정하고 선택하고 행사할 수 있습니다. 다만 몸이 불편해서 이동과 행동에 제약이 따르는 것뿐이니까요. '물리적 지원'만 부모나 전문가를 비롯한 제3자에게 받으면 얼마든지 독립적으로 살아갈 수 있습니다.

하지만 발달장애인(지적·자폐성 장애인)의 경우는 사정이 다릅니다. 발달장애인은 지적장애가 있을 뿐더러 자신의 의사를 표현하고 전달하는 능력이 부족합니다. '자기선택권'과 '자기결정권'을 행사하는 데 어려움이 따르기 때문에 자기 권리를 행사하는 과정에서 부모나 제3자에게 도움을 받을 수밖에 없습니다. 대신 '의사소통 지원'만 해결된다면 물리적 지원 없이도 자립생활이 가능합니다.

이렇듯 장애 특성에 따른 차이가 존재하는데도 '당사자주의'라는 이름으로 발달장애인의 자립생활에서 부모와 제3자의 개입을 무조건 배제해야 한다는 논리는 받아들이기 힘들었습니다. 저 말고도 발달장애인의 자립생활에 반드시 '당사자주의'를 적용해야 한다는 주장에 대해 반론을 제기하는 분들이 많습니다.

저도 '발달장애인에게 스스로 자신의 삶을 선택하고 결정하는 능력이 있다.'고 보는 입장입니다. 다만 자신의 선택과 결정을 표현하고 전달하는 능력이 부족하다는 것이지요. 따라서 발달장애인이 주체적으로 '자기선택권'과 '자기결정권'을 행사하기를 바란다면 부모나 전문가가 반드시 발달장애인 당사자의 생각을 존중하고 읽어내는 능력을 길러야 합니다.

물론 이것이 생각처럼 쉽지는 않습니다. 부모라는 이름으로, 전문가라는 자부심으로 발달장애인의 결정과 선택을 아전인수식으로 해석하기가 쉽지요. 저 또한 일상생활에서 우근이의 뜻을 제 방식대로 해석하는 오류를 숱하게 반복합니다. 그때마다 반성하며 후회하지요. 그래서 행동하기 전에 우근이에게 끊임없이 묻고 기다립니다. 그러다 보면 우근이 스스로 자신의 생각을 표정과 행동으로 드러냅니다.

장애인 시설을 방문하다

우근이가 고3이 되던 해부터 우리 부부는 우근이의 자립에 대해 많은 이야기를 나누고 다각도로 그 방법을 궁리했습니다. 예전에는 우근이와 함께 최대한 오래 같이 살기를 바라던 아내도 생각이 180도 바뀌었습니다. 우근이가 자라온 모습을 지켜본 결과 자립할 수 있겠다는 믿음이 커졌으니까요.

우선 단기보호시설과 그룹 홈, 생활시설, 공동체 등을 차례로 찾아가보았습니다. 직접 방문해서 상담해보니 저마다 장단점이 있더군요.

지역에 흩어져있는 단기보호시설은 10~20명 정도의 장애인이 낮 시간에 모여서 생활하는 곳입니다. 생활은 부모님과 집에서 하고, 낮 활동을 이곳에서 하는 거지요. 그룹 홈은 3~4명의 장애인이 한 집에 모여 주거 생활을 하는 시설입니다. 단, 장애인 스스로 먹고 자고 하면서(선생님 한 분이 지원해줍니다.) 낮에는 각자 직장에 다녀야 한다는 조건이 있습니다. 생활시설에서는 수십 명의 장애인이 모여 집단생활을 합니다. 시설 안에서 주거 생활과 낮 활동이 함께 이루어지지요.

단기보호시설이나 그룹 홈은 지역밀착형이라는 장점이 있습니다. 하지만 규모가 작다 보니 원한다고 해서 누구나 입소할 수 있는 게 아닙니다. 대기자 명단에 이름을 올리고 자리가 날 때까지 무한정 기다려야 하지요. 특히 그룹 홈은 낮 활동(직장)이 가능한 장애인만을 대상으로 하기 때문에 기회를 얻기가 더 어렵습니다. 또한 단기보호시설은 낮 시간만 시설에서 보내고 일상생활은 부모와 함께 하기 때문에 완전한 자립생활이라고 할 수도 없습니다. 부모님이 돌아가실 경우를 대비해 언젠가는 독립해야 한다는 과제가 여전히 남지요.

생활시설은 지역에서 떨어진 곳에 있는데다가 최근에는 정부의 탈시설 정책에 따라 수용 인원을 줄이는 추세입니다. 입소할 기회를 얻기가 하늘에 별 따기만큼이나 어렵지만 일단 입소하면 부모로부터 독립하여 적은 비용으로 평생 생활할 수 있다는 장점이 있습니다. 다만 그 안에서 이루어지는 단체 생활 그리고 해당 시설의 규칙과 분위기에 적응하는 문제는 또 다른 과제이지요.

마지막으로 공동체는 부모와 전문가가 뜻을 모아 성인 장애인의 주거와 일터를 마련하는 경우입니다. 지금까지 설명한 단기보호시설이나 그룹 홈, 생활시설은 대부분 사회복지 전문 기관(법인)이 운영한다는 점에서 큰 차이가 있지요. 공동체에서는 장애인과 비장애인이 함께 어울려 가족처럼 살아갑니다. 함께 농사짓기도 하고 작업장과 카페를 만들어 직접 운영하기도 하지요. 물론 공동체라고 해서 다 좋은 건 아닙니다. 뜻과 비전이 맞는 부모와 전문가들이 만나 힘을 합쳐 일단 시작하면 주거와 일터 등 장애 자녀의 평생 터전을 마련한다는 장점이 있지만 부모가 부담해야 할 비용이 만만치 않습니다. 또 공동체를 지속적이고 안정적으로 운영하는 것이 쉽지 않을 뿐더러 부모가 세상을 떠난 후에는 어떤 형태로 공동체를 지속할 것인지도 과제로 남습니다.

자립의 방식을 모색하다

상담을 하면서 과연 우근에게 가장 맞는 자립생활의 방식은 어떤 것일까를 두고 우리 부부는 고민을 많이 했습니다. 우선 생활시설이나 단기보호시설은 활동적이고 자유롭게 살아온 우근이에게는 답답한 환경이 될 수 있겠다는 판단이 섰습니다. 그룹 홈은 우근이처럼 직장이 없는 장애인에게는 지원할 수 있는 자격 자체가 주어지지 않았지요.

결국 남은 선택은 두 가지입니다. 우근이는 물론이고 저희 부부와도 뜻이 맞는 공동체를 찾아 함께하거나 아니면 지역에서 우근이 혼자 자립해서 살아가는 것이지요.

우리 부부는 몇 해 전부터 K공동체와 관계를 맺고 함께할 수 있는 방법을 모색해왔습니다. K공동체에는 여섯 명의 발달장애인 친구들이 모여서 선생님들과 함께 살고 있습니다. 지난해에 인천 강화에 있는 한 농촌 마을에 집과 카페를 지었습니다. 이곳에서 발달장애인 친구들은 밭농사를 주업으로 하면서 틈틈이 카페에서 일을 합니다. 직접 농사지은 농산물로 주식을 하고, 남는 농산물은 가공해서 판매도 합니다. 자급자족하는 공동체를 꿈꾸고 있지요.

이웃과 어울려 마을 공동체를 일구는 데도 적극적으로 참여하고 있습니다. 외국의 〈캠프힐 공동체〉를 모델로 삼고 부모와 전문가가 힘을 합쳐 발달장애인 자녀의 미래를 개척해가고 있습니다.

다른 한편으로 우리 부부는 우근이가 태어나고 자란 지역에서 혼자 살아갈 수 있는 방법도 적극적으로 찾아보고 있습니다. 아직은 엄마·아빠와 함께 살고 있지만 언젠가는 우근이 혼자 독립해서 살아갈 거처를 마련할 계획입니다. 처음에는 부모나 전문가 또는 활동보조인의 도움이 필요하겠지요. 이 경우 여러 가지 어려움이 따르겠지만 우리 주위에는 든든한 이웃들이 있기에, 그리고 알고 보면 세상에는 참 따뜻한 사람들이 많다고 믿고 있기에 우리 부부는 머지않아 지역 안에서 우근이에게 맞는 자립생활의 길을 찾을 수 있으리라고 자신하고 있습니다.

지역이
'평생학교'다

아내와 저는 결혼 후 다섯 번 정도 이사를 했습니다. 매번 살던 집에서 반경 1~2킬로미터 이내로 이사해서 C초등학교가 있는 학군을 벗어난 적이 없지요. 우근이가 태어나고는 이사를 두 번 했습니다. 지금 살고 있는 아파트로 이사 온지도 20년이 다 되어갑니다. 우근이 나이가 스물 한 살이니 한 동네에서 태어나 자랐다고 해야겠지요.

첫째와 둘째의 친구 부모들은 아이가 초등 고학년이 되면 좋은 학군을 찾아 이사 가더군요. 저는 그럴만한 경제적 능력이 없을 뿐더러 아이들 교육을 위해 좋은 학군을 찾아다닐 생각은 추호도 없기에 딱히 그래야 할 이유가 없었습니다. 물론 우근이를 위해서 한 동네를 고집한 것도 있지요. 우근이한테는 태어나고 자라면서 익숙해진 환경이나 친구, 이웃이 가장 소중한 자원이라고 생각했으니까요.

우근이는 동네 유명 인사

우근이는 어릴 적부터 동네를 자기 집 앞 마당처럼 쏘다니면서 자랐습니다. 동네와 지역이 곧 학교이자 놀이터였지요. 그만큼 익숙하고 친근한 환경이라서 우리 부부도 안심하고 우근이를 혼자 내보낼 수 있었습니다.

집 밖에 나가면 우근이는 이곳저곳을 기웃거리며 동네 가게를 섭렵하고 다닙니다. 부동산중개소, 미장원, 치과, 노래방 등 영업용 점포에 들어가 커피도 얻어 마시고, 정수기 물도 먹고, 심지어 과자도 얻어먹습니다. 어릴 적부터 한동네에 오래 살면서 눈도장을 찍어온 덕분에 대부분의 이웃은 우근이의 행동을 보고 그냥 웃어 넘깁니다. 덕분에 우근이가 맘껏 동네를 활보할 수 있었지요.

가끔 우근이가 포돌이 차(순찰차)를 타고 오는 날도 있습니다. 그런 날이면 우근이가 어디를 다녀왔는지 알 수 있는데, 대부분은 우근이를 처음 본 이웃들이 경찰에 신고를 한 날입니다.

우근이는 영업용 가게에 불쑥 들어가 말도 없이 손님 접대용 커피를 타서 마시곤 했습니다. 사춘기 행동이 심해지면서는 가게 화장실에 들어가 옷을 벗고 샤워를 하거나 수돗물을 틀고 손목과 발목에 물을 찍어 바르는 행동을 하곤 했지요. 우근이를 처음 본 이웃들은 이 상황을 당황스럽게 지켜보다가 얼른 부모에게 알려야겠다는 생각으로 경찰에 신고를 합니다. 그러면 순찰 중이던 경찰이 출동을 하지요.

이런 경우 부모로서 가만히 있을 수 없어서 그 가게를 찾아갑니다.

"안녕하세요. 저는 우근이 아빠입니다. 우근이가 불쑥 찾아와서 많이 놀라셨지요? 정말 죄송합니다. 우근이는 자폐성 장애가 있습니다. 장애 특성으로 이해해주시면 고맙겠습니다. 혹시 우근이가 여기 다시 오면 말귀는 잘 알아들으니 따끔하게 한마디 해서 돌려보내주십시오. 저도 신경 써서 지도하겠습니다."

그러면 대부분은 오히려 저를 격려해줍니다.

"그랬군요. 그 정도 장애가 있는 학생인 줄 몰랐네요. 아버님이 힘드시겠어요. 잘 알겠습니다."

이러다 보니 우근이는 동네에서 모르는 사람이 없을 정도로 유명 인사가 되었습니다. 아이를 키우는 데 온 마을이 필요하다는 격언을 매일 실감하며 살아가는 중입니다. 모두 감사할 일이지요.

나도 군것질 좀 하자고요

중학교 때까지는 이렇게 동네 이곳저곳을 순례만 하던 우근이가 고등학생이 되면서 편의점에서 물건을 구입하기 시작했습니다. 군것질을 시작한 겁니다.

고등학교를 다니던 어느 날에는 우근이가 하굣길에 과자가 담긴 편의점 봉투를 들고 집에 들어왔더군요. 깜짝 놀란 저는 다짜고짜 우근이에게 호통을 쳤습니다.

"너 이거 어디서 났어? 훔쳐온 거야? 당장 가서 돌려주지 못해?"

그때까지 우근이는 항상 엄마·아빠가 현금을 줘야만 그걸 가지고 나가서 군것질거리를 사곤 했습니다. 용돈을 따로 주지 않았으니까요. 그런 녀석이 과자가 담긴 봉투를 들고 왔으니 값도 치르지 않고 그냥 물건을 가지고 온 줄로만 알고 화가 난 것이지요. 영문도 모른채 우근이는 그저 쭈뼛거리기만 했습니다. 안 되겠다 싶어서 우근이를 앞세우고 아파트 상가에 있는 편의점으로 갔습니다.

"혹시 우근이가 이 과자를 계산도 안 하고 가져온 거 아닌가요?"

"아닌데요. 교통카드(T머니)로 결제했어요."

"네? 교통카드로도 결제가 되나요?"

"그럼요, 아버님. 요즘 학생들은 다 교통카드로 결제해요."

저는 그때서야 교통카드로 편의점에서 물건을 사서 결제할 수 있다는 사실을 처음 알았습니다.

그 교통카드는 우근이가 고등학생이 되면서 만들어준 장애인용 교통카드였습니다. 장애인은 지하철을 이용할 때는 무료이지만 버스를 이용할 때는 청소년 요금을 내야 합니다. 중학교 때까지는 우근이가 버스를 탈 일이 거의 없어 복지카드만 있으면 충분했는데, 고등학교에 올라가고부터 현장 학습이나 직업전환교육을 받으러 복지관에 다니다 보니 버스를 이용하는 일이 많아졌지요. 그래서 장애인용 교통카드를 만들어 미리 충전을 해서 주게 된 겁니다.

사건이 있던 날은 우근이가 학교에서 버스를 타고 현장학습을 다녀오는 날이었습니다. 그래서 우근이에게 교통카드를 들려서 보냈는데, 그 교통카드로 하교길에 편의점에 들러 과자를 샀던 겁니다.

어쨌거나 이 사건 이후로 우근이는 교통카드로 자기가 먹고 싶은 군것질거리를 직접 사서 먹는 습관이 들었습니다.

**체크카드가
필요해**   하루는 우근이가 외출하고 집에 돌아오 더니 얼굴이 벌겋게 상기된 채 안절부절못 했습니다. 무슨 일이냐고 물어봐도 제 방으로 들어가 이불을 뒤집어 쓰고 씩씩거리기만 하더군요. 그대로 놔둘 수 없어서 기분 전환도 시켜줄 겸 우근이를 데리고 산책을 나갔습니다. 아파트 정문을 지나고 있는데 입구에서 치킨을 팔던 아저씨가 우리를 부르더군요.

"혹시 이 학생 아버님이세요? 아까 학생이 이곳을 다녀가면서 치킨 한 마리를 주문했는데 현금을 안 주고 교통카드를 내더라고요. 그래서 집에 가서 현금을 가져오라고 하고 기다리던 중이었습니다."

그제서야 우근이가 왜 얼굴이 울그락불그락해서 들어왔는지 상황 파악이 되더군요.

"사장님, 우근이는 장애가 있어 의사표현을 못합니다. 죄송하지만 다음에 우근이가 또 오면 우선 치킨을 주세요. 저기 보이는 집이 우리 집이니까 와서 말씀하시면 결제해드리겠습니다."

그러고는 우근이가 주문해놓은 치킨을 현금으로 결제하고 다시 집으로 돌아왔습니다. 둘이 같이 치킨을 먹었지요. 치킨을 먹는 우근이를 보니 세상을 다 얻은 표정이었습니다.

교통카드만 있으면 모든 물건을 살 수 있다고 믿었던 우근이로서는 현금만 받는 곳이 있다는 걸 알 수 없었겠지요. 저 역시도 이번 일로 편의점과 몇몇 체인점을 제외한 일반 점포나 슈퍼에서는 교통카드로 물건을 살 수 없다는 걸 처음 알았으니까요. 그렇다면 이제는 우근이에게 체크카드를 만들어주는 게 낫겠다 싶었습니다.

당장 우근이 명의로 통장을 개설하고 체크카드를 만들었습니다. 그 뒤로 일주일에 만 원씩을 꼬박꼬박 우근이 통장에 넣어주었습니다. 우근이는 그 돈으로 군것질을 할 수 있었지요.

우근이는 이제 외출을 할 때면 복지카드와 체크카드, 교통카드가 들어있는 카드 지갑을 챙겨 나갑니다. 나가고 싶을 때 나가고 들어오고 싶을 때 들어오지요. 체크카드로는 군것질을 하고, 교통카드로는 버스나 전철을 타고 다닙니다.

군것질은 주로 편의점을 이용합니다. 한 번은 떡볶이 가게에서 평소 좋아하던 떡볶이를 사먹었더군요. 편의점에서 물건을 구입하다 통장 잔액이 부족해 승인 거절이 뜰 때도 있습니다. 그러면 체크카드 대신 충전된 교통카드를 쓰기도 하는데, 교통카드마저 잔액이 부족하면 그때는 두말없이 포기하고 나옵니다.

우근이가 체크카드를 사용하면 그때마다 실시간으로 제 휴대전화로 문자 메시지가 전송됩니다. 교통카드의 경우에는 결제하고 이삼일 후에 티머니 홈페이지에서 사용내역을 확인할 수 있습니다. 덕분에 우근이의 동선을 어느 정도 파악할 수 있게 되었지요. 사실 우근이가 도대체 동네 어디를 어떻게 쏘다니는지 너무 궁금했거든요.

우근이는 이렇게 자기가 태어나고 자란 지역에서 혼자 체험하고 도전하면서 스스로 살아가는 노하우를 익히고 있습니다. 우근이를 통해 부모인 저 역시도 새로운 정보를 학습하는 기회를 얻지요. 이 정도면 지역이 우리 부자의 성장을 돕는 진정한 학교가 아닐까요?

 이웃과 지역이 든든한 울타리 고3이 되면서 우근이의 질풍노도 사춘기 행동은 서서히 잦아들었습니다. 한 달에 한 번쯤 포돌이차를 타고 집에 돌아오는 일도 사라졌지요. 대신 밤 늦게 혼자서 외출해 돌아다니는 일이 잦아졌습니다. 엄마·아빠가 잠들면 슬며시 현관문을 열고 나가 한두 시간씩 돌아다니며 편의점에서 군것질을 합니다. 아침에 일어나 체크카드 사용내역 문자 메시지를 확인해보면 우근이가 밤 사이에 어딜 다녔는지 알 수 있었지요.

하루는 제 휴대전화에 낯선 결제 문자가 들어와 있더군요. 다름 아닌 피씨방이었습니다. 주로 편의점이나 커피숍만 다니곤 했는데 피씨방까지 가다니…. 거기서 도대체 뭘 하는 걸까? 우근이가 게임을 하러 가진 않을 텐데…? 비록 일부이긴 하지만 피씨방이 비행 청소년들의 온상이라는 뉴스를 접해온 터라 은근히 걱정이 되었습니다.

며칠 동안 한 군데 피씨방만 계속 가기에 궁금해서 찾아가보았습니다. 수십 명이 앉을 수 있는 대규모 피씨방이었습니다. 우근이가 처음

가는 업소라서 주인 분께 인사도 하고, 우근이의 장애 특성에 대해 설명을 드렸지요. 다행히 우근이가 밤 12시를 넘겨 오지만 특별히 문제가 되는 행동은 하지 않았다고 하더군요. 주로 음료나 과자를 사먹고 나간다고 했습니다. 둘러보니 규모가 워낙 큰 피씨방이라서 각종 과자와 음료를 파는 자동판매기가 갖춰져 있고 간단한 음식도 주문해서 먹을 수 있게 되어있더군요. 그날은 주인 분께 혹시 우근이가 불편한 행동을 하면 잘 타일러서 보내달라고 부탁드리고 나왔습니다.

그렇게 한두 달 피씨방에 가는 일이 이어졌습니다. 우근이는 한 번 꽂히면 계속 하다가도 어느 정도 시간이 흐르면 그만 두는 걸 잘 알기에 이번에도 그럴 줄 알았는데 그게 아니었습니다.

다시 한 번 피씨방에 들러 관리자에게 우근이가 불편을 주는 일은 없는지 물어보고 이런저런 대화를 나누고 있는데, 피씨방에 달린 주방에서 설거지를 하고 있던 젊은 여성이 저에게 인사를 하더군요.

"안녕하세요. 우근이 아빠시죠?"

"네, 우리 우근이를 어떻게 아시죠?"

"우근이랑 같은 학교를 다녔거든요. 그래서 잘 알아요."

"아, 그럼 C고등학교 학생인가 보네요."

"네, 그런데 전 이미 졸업했어요. 아버님, 우근이가 여기 자주 들러서 먹을 걸 사지만 불편한 행동을 하지는 않아요. 그러니까 너무 걱정하지 않으셔도 돼요."

알고 보니 우근이가 다니는 C고등학교 졸업생 몇 명이 이곳 피씨방에서 아르바이트를 하고 있더군요. 그러고 보니 우근이가 그 피씨방을 자주 찾는 이유가 있었구나 싶었습니다. 혹시 선배 누나들 얼굴이 보고 싶어 그런 것일 수 있지 않을까 하고 말입니다.

저는 이것이야말로 우근이가 지금껏 일반 학교에 다니며 고수해온 통합교육의 힘이라고 생각합니다. 태어나 스무 살 청년이 될 때까지 한 지역에서 생활하고 일반 학교를 다닌 덕분에 학교 선후배들을 지역에서 든든한 이웃으로 얻을 수 있었으니까요.

이 경험으로 저는 성인이 된 우근이가 지역에서 자립해 생활할 수 있겠다는 믿음이 더욱 커졌습니다. 우근이가 집을 나서도 이제는 불안하거나 두렵지만은 않습니다. 우근이에 대한 믿음이 굳건하기도 하거니와 우근이를 이해하고 포용해주는 든든한 이웃이 있기 때문이지요. 제가 할 일은 이런 이웃에게 감사의 마음을 전하는 것뿐입니다.

이렇듯 우근이는 자신이 태어나고 자라고 넘어지고 부대꼈던 마을에서 자신의 삶을 설계해나갈 준비를 하고 있습니다.

혼자서
대중교통 이용하기

성인이 된 우근이는 이제 웬만한 일은 혼자서도 잘 합니다. 밥 차려 먹기, 라면 끓여 먹기, 설거지하기, 세탁기에 빨래 넣고 돌리기, 청소하기, 재활용 및 음식물 버리기, 슈퍼에 가서 물건 사오기, 혼자 외출하고 귀가하기…. 그래도 머지않아 우근이를 자립시킬 생각을 하며 이것저것 점검하다 보니 딱 한 가지 아직 남아있는 과제가 있었습니다. 바로 '혼자서 대중교통 이용하기'입니다.

우근이가 고1 때의 일입니다. 한창 외출해서 한나절씩 쏘다닐 무렵, 하루는 월계동에 있는 치안센터에서 연락이 왔습니다. 우근이를 보호하고 있다는 전화였지요. 저는 깜짝 놀랐습니다. 그 곳은 집에서 6킬로미터 이상 떨어진 곳에 있었습니다. 우근이 혼자 도저히 걸어서 갈 수 없는 먼 거리였지요.

**우연히 발견한
능력** 한걸음에 치안센터로 달려가 사연을 들어
보니 그날의 상황은 이랬습니다.

우근이는 그날 혼자 외출하여 회기역에서 전철을 타고 다섯 정거장을 이동한 후 월계역에서 내렸습니다. 그 동네를 돌아다니다 영업 중인 어느 미용실을 발견하고 들어갔지요. 우근이가 자리에 앉으니 아무것도 모르는 원장님은 자연스럽게 커트를 해주었습니다. 우근이는 머리도 깎고 머리를 감겨주는 서비스까지 받고 나서 카운터로 갔지요. 하지만 계산을 요구해도 묵묵부답. 답답해진 원장님은 멀쩡한 고등학생이 머리만 손질하고 결제를 안 한다고 신고를 했던 겁니다.

저는 우근이를 데리고 그 미용실을 찾아가 인사도 드리고 커트 비용도 지불했습니다. 사과의 뜻으로 롤케이크도 선물했지요. 그러면서도 내심 참 궁금했습니다. 왜 하필 월계역까지 갔을까?

며칠 후 미스터리가 풀렸습니다. C고등학교 1학년 특수반 학생들이 매주 한 번씩 직업전환교육을 받으러 가는 곳이 월계역 근처에 있는 종합사회복지관이더군요. 이게 전부가 아니었습니다. 며칠 후 티머니 홈페이지에서 그날 우근이의 교통카드 사용내역을 검색해보고 깜짝 놀랐습니다. 우근이가 그날 혼자 전철을 타고 월계역까지 간데다가 심지어 그 전에 1호선과 6호선을 환승까지 해가며 지하철을 이용한 기록이 있었기 때문이지요.

그 일이 있은 뒤로도 한두 번 정도 우근이가 혼자 외출해 지하철

뿐 아니라 시내버스와 마을버스를 이용하는 일이 있었습니다. 대중교통을 혼자서도 이용할 수 있다는 걸 스스로 증명한 셈이지요.

하지만 그때까지만 해도 제게 우근이가 보여준 '혼자서 대중교통 이용하기'는 어쩌다 일어난 일로 보였습니다. '과연 우근이가 혼자 전철이나 버스를 타고 목적지에 내려서 볼일을 보고 다시 돌아올 수 있을까?' 솔직히 이 부분에 대해서 완벽한 믿음을 가질 수 없었습니다. 그때까지 우근이의 외부 활동은 주로 걸어서 갈 수 있는 지역 안에서 이루어졌으니까요. 딱 한 곳, 수영장만 제외하고 말이지요. 그마저도 활동보조인과 함께 대중교통을 이용해 다녔습니다.

이번 기회에 '우근이 혼자 대중교통을 이용할 수 있을까?' 하는 의문에 종지부를 찍고 싶은 마음이 전혀 없었던 것은 아닙니다. 하지만 막상 엄두가 나지 않더군요. 이런 저런 핑계로 차일피일 미루는 사이 시간이 흘렀습니다.

더 이상 미룰 수 없는 과제

고3이 되면서 우근이는 장애인복지관 두 곳과 연계해 직업전환교육을 받았습니다. 장애 학생도 졸업을 앞두고는 취업과 독립이 가장 큰 과제이지요. 안타깝게도 우근이는 직업전환교육 후에 실시한 직업평가에서 고배를 마셨습니다. 대신 겨울방학 동안 탈락한 학생들을 대상으로 다시 한 번 취업 가능성을 평가하는 '관찰평가반'에 참가하게 됐습니다.

우근이가 관찰평가반을 가려면 지하철을 타고 세 정거장을 이동해야 했습니다. 걷는 시간까지 포함하여 40여 분이 걸리는 거리였지요. 우근이 혼자 대중교통을 이용하기 어렵다고 판단해 장애인복지관으로 가는 길을 당분간 제가 동행하기로 했습니다.

그러던 어느 날 전철 안에서 우연히 장애인복지관으로 가는 다른 장애인 친구들을 만났습니다. 한 친구는 다운증후군으로 보였고, 다른 한 친구는 자폐성 장애가 있는 것 같았습니다. 둘 다 보호자 없이 전철을 이용해 복지관으로 가고 있더군요. 그 모습이 너무나 멋있고 의젓해 보였습니다. 그 친구들의 부모님이 존경스럽기까지 하더군요. '저렇게 아이를 믿고 혼자서 복지관에 가도록 하는 훌륭한 부모님들이 있구나.'

'혼자서 대중교통 이용하기' 미션을 차일피일 미루던 저 자신이 갑자기 부끄럽게 느껴졌습니다. 더 이상은 과제를 미룰 수 없었습니다.

혼자 수영장에 다녀오기

'우근이가 지금 다니고 있는 수영장부터 혼자 대중교통으로 보내도록 하자.' 이렇게 결심하고 활동보조인에게 저의 계획을 이야기했습니다. 당시 우근이는 종합사회복지관에서 저녁 7시에 시작하는 성인수영반을 다니고 있었습니다. 집에서 수영장으로 갈 때는 활동보조인과 함께 복지관 셔틀버스를 이용하고, 집으로 돌아올 때는 대중교통(지하철)을 이용하고 있었지요.

처음 시도하는 일이라 나름 준비가 필요했습니다. 우선 수영장을 찾아가 데스크 직원과 라커룸 직원, 성인반 수영 강사를 차례로 만나 뵙고 제 계획을 설명했습니다.

"우근이가 혼자 해낼 수 있을까요?"

데스크 직원은 고개를 갸웃하며 걱정스러운 표정을 짓더군요.

"그럼요. 앞으로 일주일에 한 번은 우근이 혼자 보낼 생각입니다. 자립할 나이가 되었으니까요."

라커룸 직원과 수영 강사는 우근이가 잘해낼 거라고 응원해주더군요. 수영장 셔틀버스 기사님도 만나서 오늘은 우근이가 혼자 셔틀버스를 탈 거라고 설명했습니다.

집으로 돌아오니 저녁 6시 25분. 활동보조인은 아무래도 걱정된다고 하면서 자신이 먼저 우근이가 셔틀버스를 타는 장소 근처에 가서 상황을 지켜보겠다고 하더군요. 5분 후, 저는 우근이에게 말했습니다.

"오늘은 수영장에 혼자 다녀오는 거야. 갈 때는 셔틀버스를 타고, 수영 끝나고 집에 올 때는 지하철을 타고 오는 거야, 알았지?"

우근이는 "네, 수영장···." 하고는 신나게 달려 나갔습니다. 그런데 잠시 후 활동보조인에게서 전화가 왔습니다.

"아버님, 우근 씨가 다른 수영장 셔틀버스를 탔거나 택시를 탄 것 같아요. 셔틀버스가 멈추고 바로 그 뒤에 택시 한 대가 서더라고요. 어두워서 잘 보이지는 않았지만 누가 타는 것 같아서 혹시나 하고 달려갔는데 택시가 바로 떠나버렸어요."

"이럴 수가? 이건 전혀 예상 못한 일이네요."

"그 택시 차량 번호를 얼핏 보기는 했는데…."

"일단 저희 집으로 들어오세요. 그동안 저는 다른 수영장에 전화해서 우근이가 그쪽 셔틀버스를 탔는지 알아볼게요."

인터넷으로 지역에 있는 다른 수영장을 검색해 셔틀버스 기사님과 통화해보니 우근이는 타지 않았다고 했습니다. 그렇다면 우근이가 택시를 탔다는 결론이었습니다. 그런데 활동보조인이 본 택시 차량 번호는 전체 번호가 아닌 큰 숫자 네 개뿐이었지요. 어떻게 택시를 수배해야 하나 고민하다가 〈서울시 다산 120 콜센터〉에 문의했습니다. 네 자리 번호만으로는 차량 검색이 불가능하다고 하더군요. 112에도 신고했지만 돌아온 대답은 같았습니다. 택시 기사로부터 연락이 오기만을 기다리는 것 밖에는 달리 방법이 없었습니다.

"목적지인 수영장을 제대로 이야기했을까?" "택시비는 제대로 결제할까?" 슬슬 걱정이 올라왔습니다. 아내도 불안한 기색이 역력했지요. 우근이가 체크카드로 택시비를 결제하면 제 휴대전화에 문자 메시지가 뜰 텐데 문자도 오지 않았습니다. 112에 신고 후 동네 치안센터와 아동실종센터에서 전화가 걸려와서 우근이의 인상착의를 설명해주었지요. 전화를 끊고 혹시 우근이가 그 사이 체크카드를 사용하지 않았나 하는 마음에 다시 문자 메시지를 확인했습니다.

'우근이 지금 막 수영장에 들어갔습니다.'

수영장 데스크 직원으로부터 온 문자 메시지였습니다. 아니, 이럴수가? 택시를 탄 것으로 보이는 우근이가 결제내역도 없이 수영장을 가다니 어떻게 된 일일까? 택시를 타고 조금 가다가 우근이가 행선지를 이야기하지 않으니까 기사가 내리라고 해서 수영장까지 걸어갔단 말인가? 우근이가 도착한 시간을 계산해 보니 40여 분이 걸린 것으로 보아 걸어갔을 개연성도 있어 보였습니다.

어쨌든 우근이가 수영장에 도착했다니 일단 안심하고 기다리기로 했습니다. 과연 올 때는 지하철을 이용해 집에 무사히 올 수 있을까? 약간 두렵기는 했지만 우근이를 끝까지 믿어보기로 했습니다. 이제 활동보조인은 귀가하도록 했습니다

**날짜를 넘겨
귀가한 아들** 저녁 8시 30분경 휴대전화로 결제내역 문자 메시지가 날아왔습니다. 우근이가 수영장 근처에 있는 편의점 두 곳에서 군것질을 한 결제 문자였습니다.

'우근이가 수영을 마치고 지하철 타러 가는 길이구나.'

편한 마음으로 기다렸습니다. 우근이가 성인반 수영을 마치고 활동보조인과 전철역에서 헤어져 집으로 들어오는 시간은 보통 밤 9시. 그런데 두 시간을 넘긴 밤 11시가 되어도 감감 무소식이더군요. 체크카드 결제 문자도 더 이상 없이 오지 않아 서서히 걱정이 되었습니다.

하필이면 그해 겨울 들어 최강의 한파가 들이닥친 날이었습니다. 그

럼에도 날씨가 좀 춥다는 핑계로 미루면 안 될 것 같아 과감히 결단을 내린 건데 막상 우근이가 한밤중 늦게까지 길거리를 쏘다니게 되고 보니 후회가 밀려왔습니다.

밤 11시 40분경 다시 문자 메시지가 날아왔습니다. 편의점 결제 문자였습니다. 검색해보니 지역이 강북구 번동이더군요. 지난 번 미용실 사건이 있었던 지하철 1호선 월계역에서도 꽤 먼 거리에 있는 동네였습니다. 어쩌다가 거기까지 갔을까?

아내는 당장 112에 신고하자고 했습니다.

"우근이가 어느 동네에 있는지 알았으니 빨리 신고해요. 지금 전철도 버스도 다 끊길 시간이잖아요."

"여보, 그동안 우리가 경찰에 신고해서 우근이를 찾은 적은 없었어요. 다른 누군가 신고를 해서 경찰이 출동하거나 아니면 우근이 스스로 집에 들어왔다는 거, 당신도 잘 알면서 그래요."

"아무리 그랬어도 당신 너무한 거 아니에요? 이 추위에 거리에서 떨고 있을 아들을 생각해야죠."

"…"

더 이상 대꾸할 말이 없어서 전화기를 들었습니다. 112에 신고를 하고 그 편의점 인근에 있는 파출소로부터 몇 통의 전화를 받고 다시한 번 우근이의 인상착의를 설명해주었습니다. 그러고 나서 우근이를 찾았다는 소식이 오기만을 손꼽아 기다렸지요. 하지만 새벽 2시가 넘도록 아무런 연락이 없었습니다.

이대로 마냥 기다릴 수만은 없었습니다. 앞으로 어떤 상황이 벌어질지 모르니 거기에 대비해 잠을 청해야겠다는 생각이 들더군요. 방에 들어가 휴대전화를 머리맡에 두고 이리저리 뒤척이기를 30여 분. 휴대전화가 울렸습니다. 우리 동네와 가까운 곳에 있는 치안센터에서 우근이를 보호하고 있다는 전화가 온 겁니다. 당장 달려가보니 우근이가 빨개진 얼굴로 의자에 앉아있더군요. 얼마나 힘들었는지 나를 보더니 반가운 표정을 지어보였습니다.

"우근이가 신이문역 앞에서 택시를 탔는데, 행선지를 말하지 않으니까 택시 기사님이 신고를 하셨어요. 그래서 저희가 데리고 왔습니다."

경찰관의 설명을 들어보니, 우근이가 강북구 번동에서 이곳 신이문역까지 걸어오다가 춥고 지치고 힘드니까 택시를 탄 것 같았습니다. 하기는 버스도 전철도 다 끊긴 시간이니 걷거나 택시를 타는 것 말고 달리 방법이 없었겠지요.

우근이를 데리고 집으로 돌아오니 아내가 말했습니다.

"우근이가 정말 대단해요. 그렇게 먼 거리까지 갔는데도 집 방향을 알고 걸어오다니."

아내는 감탄을 했습니다. 검색해보더니 무려 4킬로미터가 넘는 거리라고 하면서 우근이가 대단한 방향감각을 가졌다고 하더군요. 어쨌거나 우근이가 무사히 돌아왔으니 우리 부부는 따뜻한 위로의 말과 함께 간식을 챙겨주고는 우근이보다 먼저 잠자리에 들었습니다.

이틀 후 티머니 홈페이지에서 교통카드 사용내역을 확인하고 다시

한 번 놀라지 않을 수 없었습니다. '혼자서 대중교통 이용하기' 미션을 수행한 날, 우근이는 셔틀버스가 아닌 지하철을 이용해 수영장을 갔더군요. 저녁 6시 57분에 우리 동네에 있는 회기역에서 탑승해 7시 4분 제기동 역에서 내린 다음 종합사회복지관 수영장을 갔습니다. 수영을 마치고 집으로 돌아올 때는 편의점 두 곳을 들르느라 한 정거장을 걸어와 청량리역에서 탑승했고, 회기역에서 내린 걸로 확인되었습니다. 그 후로 교통수단을 이용한 기록이 없는 걸 보면 회기역에서 강북구 번동까지 걸어간 게 확실해 보였습니다. 왜 거기까지 갔을까요? 이 기회에 고1 때의 기억을 떠올려 한 번 놀러가자고 맘먹은 걸까요?

'혼자서 대중교통 이용하기' 미션은 이렇게 막을 내렸습니다. 첫날이라 시행착오가 있었지만 금세 잘 해내리라는 믿음이 생겼습니다.

다시 미션에 도전하다 저는 우근이에 대한 믿음을 다시 한 번 확인하고 싶었습니다. 활동보조인이 오지 않는 수요일, '우근이 혼자서 대중교통 이용하기' 미션에 다시 도전하기 위하여 우근이를 앉혀놓고 다음과 같이 종이에 적었습니다.

셔틀버스 타고 수영장 가기 → 수영하기 → 수영 강습 마치고 제기동역까지 걸어가기 → 제기동역에서 지하철 타기 → 회기역에서 내리기 → 집으로 오기

저는 우근에게 A4용지를 주고 이 경로를 반복해서 쓰면서 숙지하게 했습니다. 조금 늦더라도 혼자 잘 다녀오기만 하면 피자나 치킨을 쏘겠다고 마음속으로 약속했지요. 오늘은 해찰하지 않고 다녀오라고 신신당부하는 것도 잊지 않았습니다. 과연 이날 결과는 어땠을까요?

첫날과 달리 이번 미션은 성공적이었습니다. 평소보다 한 시간 반 늦기는 했지만 밤 10시 반에 무사히 귀가했지요. 이틀 후 대중교통을 이용한 내역을 확인하고 체크카드 사용내역과 시간을 맞추어 보니 대략 동선이 파악되더군요.

이번에는 수영장 가는 셔틀버스를 제대로 탔더군요. 수영 강습을 마치고 지하철을 타러 가는 동안 편의점 두 곳을 들렀고, 제기동역에서 탑승한 후 청량리역에서 하차했으며 무사히 경의중앙선 청량리역으로 이동해서 환승에 성공했습니다. 그런 다음 회기역에서 내리는 것도 완벽하게 해냈습니다. 다만 그 후에 마을버스도 타보고, 동네 마트와 할인매장까지 두루 구경하느라 귀가가 한 시간 반이나 늦은 게 흠이랄까요.

사실 '혼자서 대중교통 이용하기' 미션에 다시 도전하기로 마음 먹었을 때 활동보조인이 저에게 이런 제안을 했습니다.

"얼마 전 주말에 등산을 갔을 때 우근 씨가 비상 정지 버튼을 눌러서 전철을 세운 적이 있어요. 수영장 다녀오는 길에도 무슨 돌발 상황이 일어날지 모르니 제가 우근 씨를 미행하듯 따라가보겠습니다."

저는 취지를 충분히 납득하면서도 미행은 반대했습니다.

"이번만큼은 그냥 믿읍시다. 우근이를 신뢰하지 못하면서 혼자 해내라고 하는 건 앞뒤가 안 맞는 거지요. 또 어떠한 돌발 상황도 마주하고 대처할 수 있어야 진정한 자립이라고 할 수 있지 않을까요?"

활동보조인에게 한 말은 진심이었습니다. 어떤 돌발 상황이 발생하더라도 우근이 혼자 그 상황을 마주하고 대처하고 극복해야 한다고 생각했습니다. 그래야 '이런 일은 위험하니까 하면 안 되겠구나.' 하고 스스로 깨닫는 기회가 될 수 있을 테니까요. 그러고 보면 저나 활동보조인과 동행할 때 우근이가 부담 없이 비상 정지 버튼을 누를 수 있었던 것도 어쩌면 믿는 구석이 있었기 때문이 아닐까 싶더군요.

그날 마음속으로 약속한 대로 저는 우근이에게 치킨 강정을 쏘았습니다. 맥주 한 잔까지 곁들이면서 서로 자축했지요.

"아빠, 저 혼자도 잘살 수 있어요. 걱정 마세요."

마치 이렇게 말하는 듯 우근이는 자신감이 넘치는 얼굴이었습니다. 저는 저대로 우근이가 자립을 위해 넘어야 할 마지막 과제를 완수해 냈다는 생각에 가슴이 뿌듯했습니다.

"우근아, 이제부터는 너 스스로 삶을 개척하며 살도록 해라. 아빠는 곁에서 지켜만 볼 테니까. 알았지?"

장애인의
자립생활과 직업

　인문계 고등학교 3학년 학생들이 대학입시를 준비한다면, 특수학급에 있는 장애 학생들은 취업 준비에 들어갑니다. 입시 공부 대신 직업과 연계된 체험 활동을 하는 것이지요. 장애 학생들도 졸업을 하면 곧바로 사회로 나가야 할 테니까요.

　하지만 장애 학생의 취업은 결코 쉽지 않습니다. 가끔 좋은 직장을 잡아 정규직으로 채용되는 학생들이 있기는 하지만 보호작업장이나 직업재활센터에서 일하는 경우가 대부분이고, 그마저도 몇 년 정도 일하다가 그만두는 일이 다반사입니다. 정부에서 장애인 취업 지원을 위한 다양한 정책을 펼친다고는 하지만 구두선에 그칠 뿐 현실은 열악하기만 합니다. 이렇다 보니 비장애인도 취업 전쟁을 치르고 있는 마당에 장애인의 취업은 오를 수 없는 장벽일 수밖에 없습니다.

이런 현실에 계속 부딪치다 보니 제 머릿속에서는 이런 생각이 맴돌기도 합니다. '과연 장애인에게 취업은 필수일까?' '장애인이 자립하는 데 있어 직업이 왜 선결 조건이 되어야 할까?'

장애인 일터의 민낯
대학원에서 사회복지학을 전공하던 무렵에 W장애인복지관 보호작업장에서 자원봉사를 한 적이 있습니다. 그곳에서 일하는 장애인은 대부분 발달장애인으로 비교적 양호한 직업 능력을 가졌다는 평가를 받고 선발된 친구들이었습니다. 작업 내용은 주로 쇼핑 봉투 만들기나 학용품 포장하기와 같은 단순한 작업이었지요. 하지만 직업재활 담당교사들 눈에는 이 친구들의 작업 속도가 성에 차질 않았나 봅니다. 장애인들이 잡담을 하거나 한눈을 팔지 않도록 끊임없이 작업을 독려하더군요.

선생님의 잔소리는 이곳 장애인들에게 큰 스트레스였습니다. 작업 중에 노래도 하고 이야기도 나누고 싶은데, 꼼짝없이 앉아서 한 시간 동안 작업만 해야 했으니까요. 심지어 쉬는 시간에 화장실을 다녀오는 것 외에는 장난치거나 떠드는 것도 용납되지 않았습니다. 그렇다고 해서 장애인들이 받는 보수가 높은 것도 아니었습니다. 5~20만원으로 교통비에 식대를 버는 정도였지요.

나중에 알고 보니 여기에는 이유가 있었습니다. 우리나라는 복지에서도 '생산적 복지'를 강조하다 보니 어떤 기관도 해마다 시행하는 평가에서 자유로울 수 없습니다. 선생님들도 나름대로 업무 스트레스를 받고 있었던 겁니다. 선생님이나 장애인 모두에게 그곳을 행복한 일터라고 보기는 어려웠습니다.

보호작업장뿐 아니라 사회복지 기관이나 공공 기관에서 운영하는 장애인 일터도 어디나 상황은 크게 다르지 않았습니다. 장애인 친구들이 일하는 베이커리나 카페의 경우 대부분은 후원이나 정부의 지원 없이는 매장을 정상 운영을 할 수 없는 처지였습니다. 직원 모두 어느 정도 매출을 올리기 위해 불철주야 업무 스트레스에 시달렸지요.

장애인 일자리 사업을 통해 공공기관에 취업하는 경우는 그나마 형편이 나은 편입니다. 하지만 이런 일자리는 대개 평생 지속할 수가 없지요. 일자리는 적은데 수요는 많아서 여러 사람에게 혜택을 주다 보면 기존에 일하는 장애인이 밀려날 수밖에 없는 게 현실입니다.

사회복지 기관이나 공공 기관에서 운영하는 매장이 이러니 일반 기업의 상황은 이보다 더하면 더했지 덜하지 않습니다. 제가 아는 A군은 자폐성 장애가 있는 청년입니다. 가끔 뇌전증 증상을 일으키기는 하지만 의사소통은 가능합니다. 특수학교 전공과에서 바리스타 과정을 이수하고 졸업 후 다양한 현장에 나가 실습에 참여했습니다.

몇 년이 흘러 드디어 일반 기업에서 운영하는 카페에 시간제로 채용되었습니다. 그런데 카페 매니저가 몇 개월 동안 A군이 일하는 걸 지켜보더니 직업 능률이 더 이상 오르지 않는다는 이유로 잔소리를 하기 시작했습니다.

A군은 스트레스를 받았고 집에 오면 엄마에게 자꾸 짜증을 부렸습니다. A군의 엄마가 나름 직장에 건의를 해봤지만 소용이 없었습니다. 고민 끝에 다른 카페를 알아보고 A군은 자리를 옮겼습니다. 하지만 새로운 직장도 A군이 일하기에는 녹록치 않은 상황이었습니다.

이처럼 발달장애인이 취업해 어엿한 직장을 잡고 제대로 급여를 받으며 일하는 경우는 손에 꼽을 정도입니다. 그나마 발달장애 2, 3급 정도의 친구들이 이런 저런 기회를 얻어 직업에 도전하고 있는 게 현실입니다. 우근이와 함께 C고등학교를 졸업한 친구들은 대부분 의사소통이 가능한 경증장애를 가지고 있습니다. 몇몇 친구들은 고3이 되면서 여러 기관을 통해 일자리를 소개받아 취업을 했지요. 하지만 몇 개월 후 적응에 실패하고 대부분 그만두었습니다.

비현실적인 직업 평가 우근이도 고3이 되면서 일주일에 이틀은 직업전환교육을 받았습니다. 복지관에서 운영하는 '직업적응훈련반'에서 단순 조립작업을 했지요.

"우근이가 집중력도 좋고 손재주도 많아서 주어진 작업을 아주 잘 수행해냅니다."

함께 동행했던 특수학급 선생님은 칭찬을 아끼지 않으셨지요.

"우근이는 재주가 아까워서라도 좋은 직장을 잡으면 좋겠어요."

저는 부모로서 어깨가 으쓱해졌습니다.

이후 D장애인복지관에서 고3 학생들을 대상으로 직업평가를 실시했습니다. 약속한 날짜에 평가를 받으러 갔더니 담당 선생님이 저에게 평가가 두 시간 이상 걸릴 거라고 하면서 볼일이 있으면 다녀와도 된다고 하시더군요. 저는 다른 일을 볼 요량으로 복지관을 나왔습니다.

그런데 복지관을 나선지 채 30분이 지나지 않아 전화가 왔습니다. 우근이는 직업평가 자체를 할 수 없다는 겁니다. 복지관으로 돌아가 상황 설명을 들어보니, 손바닥 장력을 재는 기구를 우근이가 제대로 들고 있지 않고 좌우상하로 흔드는 바람에 측정 자체가 불가능하다고 했습니다. 좀 허망하더군요. 그 방법으로 안 되면 다른 과정을 거쳐 전반적인 수행능력을 점검할 수도 있을 텐데, 첫 측정이 힘들다고 평가 자체를 포기하다니…. 저로서는 이해가 되지 않았습니다.

그렇다면 우근이가 실제 작업 현장에서는 선생님들로부터 칭찬받은 사실을 어떻게 해석해야 할까요? 복지관의 장애인 직업평가 방식이 현실과 동떨어지는 게 아닌가 싶어 안타까운 마음이 들기도 했습니다.

 기대를 접다

고3 여름방학이 되면서 이번에는 우근이가 C고등학교 특수반 친구들과 함께 직업 전환교육을 받는 복지관 두 곳 중 또 다른 한 곳에서 직업평가가 있었습니다. 평가를 맡은 담당 선생님은 우근이에 대한 사전 정보를 알고 있는 분이었지요.

사전 면담을 마치고 평가에 들어간 지 한 시간 정도 지나자 담당 선생님이 대기실로 나오셨습니다. 인지 검사, 직업흥미도 검사, 운동기능 검사 이렇게 세 가지 영역으로 나누어 평가가 이루어졌다고 하시더군요. 우근이는 마지막 운동기능 평가에서만 좋은 점수를 받고 나머지 두 영역에서는 낙제점이 나왔다고 했습니다. 직업적응훈련반에 들어가기 힘들다는 결론이었습니다.

대신 12월부터 직업적응훈련반에 들어가는 학생들을 대상으로 한 달 동안 관찰평가가 이루어지는데, 그 반에서 대기할 수는 있다고 하셨습니다. 또 우근이가 복지관 보호작업장에 들어가려면 별도의 평가 절차를 거쳐야 한다고 하더군요. 하지만 그날 평가 결과를 봤을 때 아마도 비슷한 결과가 나올 거라는 말도 덧붙였습니다.

담당 선생님은 그렇게 말하면서도 직업평가와는 별개로 우근이의 능력이 참 아깝다고 했습니다. 직업전환교육을 받는 동안 지켜본 결과, 우근이는 단순 조립작업을 수행하는 능력이 뛰어나기 때문에 여러 기관에서 운영하고 있는 장애인 직업재활센터를 직접 방문하여 담당자와 면담을 해보면 좋을 것 같다고 권하시더군요. 그런 센터에서는 직업평가 없이 우근이의 작업을 3~6개월 동안 지켜본 후 고용 여부를 결정할 수 있다는 얘기였습니다.

선생님 말씀은 고맙지만, 제가 방문해본 여러 장애인 직업재활센터도 여건이나 환경이 사회복지관의 보호작업장과 크게 다르지 않았기에 저는 일찌감치 마음을 접었습니다.

우근이 직업을 찾아나서다

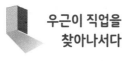

그날 이후로 저는 직접 우근이가 할 수 있는 직업을 찾아 나서기로 했습니다.

먼저 편의점 아르바이트 자리를 알아봤습니다. 우근이가 동네 편의점을 순례하며 군것질을 자주하다 보니 편의점은 제게도 친숙한 환경이었지요. '우근이가 편의점 카운터 보는 일 정도는 할 수 있지 않을까?' 그런 기대감을 안고 동네 편의점을 돌아다니며 탐문을 시작했습니다.

그런데 제 예상과는 달리 편의점 아르바이트가 쉬운 일이 아니었습니다. 비장애인도 판매관리용 포스 단말기 기능을 익히는 데 수개월이 걸린다고 했습니다. 거기에 재고 정리, 청소, 진상손님 응대하기 등 만만치 않은 일들이 기다리고 있었지요. 장애인 부모가 직접 운영한다는 편의점도 방문했습니다. 그 부모님도 비장애인 알바를 채용해 판매 및 재고 관리를 맡기고 있더군요. 다운증후군이 있는 아들은 물건 정리 및 청소를 도와주는 보조 업무만 하고 있었습니다. 사정이 이렇다 보니 우근이가 편의점 아르바이트 업무를 수행하는 건 어렵겠다는 결론에 도달했습니다.

그러던 어느 날 주유소를 지나다가 문득 이런 생각이 들었습니다. '맞아, 주유소 세차원은 가능하지 않을까?' 단순히 차량이 세차기를 통과해 나오면 걸레를 들고 물기만 닦아주면 될 테니까요. 당장 집에서 가장 가까운 주유소를 찾아 소장님을 찾아뵙고 우근이가 주유소에서 아르바이트를 하는 게 가능한지 상담했습니다

"자폐성 장애가 있는 저의 아들이 이곳에서 일할 수 있는 기회를 주시면 제가 함께 일하면서 훈련을 시켜보겠습니다."

소장님은 친절히 응대해주시더군요. 하지만 지금은 빈자리가 없어서 힘들고 자리가 생기면 연락을 주겠다고 했습니다.

그렇게 몇 개월이 흐른 어느 날, 어머니가 계시는 요양원을 갔는데 바로 옆 주유소에 이런 모집광고 안내문이 보였습니다.

'주유소 관리원 모집, 오전 10시~오후 3시, 주부 대환영'

이거다 싶었습니다. 제가 직접 일을 체험해보면서 우근이의 취업 가능성을 판단하고 싶었습니다. 하지만 연락할 용기가 나질 않더군요. '과연 내가 이 일을 할 수 있을까?' '청소, 설거지 같은 육체노동은 해봤지만 주유소 세차 업무는 처음인데 잘해낼 수 있을까?' '그 주유소에서는 주로 젊은이들이 일하던데, 중년을 넘긴 나를 채용해줄까?'

그날 저녁 아내에게 속사정을 털어놓았습니다. 그랬더니 무얼 망설이냐고 하면서 당장 전화해서 도전해보라고 하더군요. 다음날 용기를 내서 전화했습니다. 면접을 본 후 최저시급을 받는 아르바이트로서 '단기시간근로계약서'를 작성하고 바로 일을 시작했습니다.

지금까지 수개월째 일하면서 저 스스로에게 계속 묻고 있습니다. '내가 하고 있는 이 일을 우근이가 할 수 있을까?' 셀프주유소이지만 판매관리용 포스기 업무 매뉴얼을 완벽히 알고 있어야 했습니다. 그 매뉴얼을 익히는 데만 수개월이 걸렸습니다. 지금도 모르는 매뉴얼이 튀어나오곤 합니다. 세차기는 차종에 따라 옵션을 선택해서 누르고,

기계 세차가 끝나고 차가 빠져나오면 물기를 닦습니다. 이 업무를 다섯 시간 동안 저 혼자 수행해내야 합니다. '과연 이 일을 우근이 혼자 해낼 수 있을까?'

직업이 없어도 괜찮아 우근이는 이제 고등학교를 졸업하고 D장애인복지관에서 운영하는 발달장애인을 위한 대학을 다니고 있습니다. 여기서 여덟 명의 남자 발달장애인과 함께 현장체험 활동과 요리, 운동 등 각종 프로그램을 수행하고 있지요. 우근이 혼자 대중교통을 이용해 주5일 동안 즐겁게 다니고 있습니다. 그리고 복지관이 휴관하는 공휴일에는 저와 함께 주유소에서 일을 합니다.

첫날은 우근이가 호기심에 자동세차기 버튼을 마구 눌러대는 바람에 신경이 쓰였습니다. 고객에게 불편을 주어서는 안 되겠다 싶어 명찰을 만들어주었습니다. 두 번째 날부터 '발달장애인 직업훈련 중'이라고 쓴 명찰을 목에 걸고 일하게 했지요. 함께 일하는 날이 늘면서 우근이는 빠르게 적응해나갔습니다. 제가 지시하는 대로 버튼을 누르고 세차 후 물기를 닦는 것도 곧잘 하더군요.

지금까지 네댓 번 저와 함께 일했는데 이젠 셀프주유기에서 주유하는 고객에게 다가가 도움을 주기까지 합니다. 몇몇 고객은 우근이가 달고 있는 명찰을 보더니 우근이에게 직접 해보라고 권하기도 하더군요. 제가 훈련시키지도 않았는데 우근이 스스로 셀프주유기의 기능을 파악했나 봅니다. 처음엔 미덥지 않던 우근이가 의외로 가능성을 보여주는 걸 보면서 저도 놀라고 있습니다.

하지만 주유소 사장님 입장에서 과연 우근이를 단기근로자로 채용할까요? 제 경험으로 볼 때 쉽지 않은 선택입니다. 제가 사장이라도 우근이 혼자에게 이 일을 맡길 수 없다는 생각입니다. 우근이가 나름 적응력을 보이고 있지만 궁극적으로는 다양한 돌발 상황에 대처할 수 있어야 하기 때문이지요. 저만해도 상황마다 대처하는 매뉴얼을 익히는 데 두세 달이 걸렸습니다. 아무리 자동화된 시스템이라지만 그 시스템을 움직이는 건 결국 사람이었습니다.

우근이는 제3자의 지시대로 일을 수행하는 데는 부족함이 없습니다. 하지만 의사소통 능력이 부족해서 혼자 고객들의 다양한 요구에 응대하는 데는 한계가 있지요. 결국 우근이가 무난히 한 사람 몫을 해내기 위해서는 또 한 사람의 도우미가 필요할 수밖에 없습니다.

우선은 제가 일하는 동안 우근이가 직접 이런 일을 체험해볼 수 있는 기회를 가졌다는 데 만족하기로 했습니다. 앞으로 다른 직업이나 직종에도 도전해볼 계획입니다. 우근이가 일자리를 갖는다는 건 스스로 자립해서 살아갈 수 있는 좋은 환경이 될 수 있으니까요.

그렇다고 해서 모든 장애인이 반드시 일자리를 가져야 한다고 생각하지는 않습니다. 발달장애인의 경우는 제대로 된 일자리를 구하기가 더욱 어려운 게 현실입니다. 물론 기회가 주어진다면 좋겠지요. 하지만

이 세상에는 다양한 사람만큼이나 다양한 삶이 존재합니다. 그래서 우근이에게 반드시 직업을 갖고 일을 해야 한다고 강요할 마음은 없습니다.

직업 없이도 우근이가 삶의 보람을 느끼고 자신의 삶을 누릴 수 있으면 저는 그것으로 만족합니다. 앞으로 지역 공공 기관이나 시설에서 제공하는 각종 프로그램에 참여할 수도 있겠지요. 지역 장애인 자립 생활센터나 자조 모임에서 활동하는 것도 가능합니다. 그곳에서 다양한 그룹과 운동이나 등산, 여행 등의 여가 활동을 통해서도 행복한 삶을 얼마든지 추구할 수 있으니까요.

에필로그
–

모두가
행복한 세상을
위하여

장애인 부모로서
꿈꾸는 미래

지금 우근이는 지역 복지관에서 운영하고 있는 발달장애인을 위한
대학에 다니고 있습니다. 여기마저 졸업하고 나면 앞으로 우근이가
지역에서 어떤 활동을 하며 살아가야 할지는 여전히
우리 부부가 풀어야 할 숙제로 남아있습니다.
우근이의 자립생활에 대한 고민을 저는 동료 장애아 부모들을
만날 때마다 털어놓곤 합니다. 그런데 그때마다 우근이의 나이가
아직은 자립을 준비하기에는 너무 이르다고 말하는 부모들이
많았습니다. 저도 예전에는 건강 등의 여건이 허락한다면 오래도록
우근이와 함께 살고 싶다고 생각한 적이 있었습니다. 하지만
우근이가 사춘기를 거쳐 어엿한 성인이 되고 보니, 그건 어디까지나
제 욕심이라는 생각이 들더군요. 우근이가 스스로 자신의 삶을
선택하고 살아갈 수 있다는 걸 보여주고 있으니까요.
저는 우근이보다 하루 더 살고 싶다는 생각은 꿈에도 해보지
않았습니다. 부모가 자식과 평생 살 수는 없는 법. 장애가 있고
없고를 떠나 모든 자녀는 성인이 되면 부모 슬하에서 벗어나
독립적으로 살아가야 한다고 믿습니다. 가능한 한 자립은 빠를수록
좋다는 게 제 생각입니다. 첫째와 둘째에게 적용한 이 원칙을 저는
우근이에게도 마찬가지로 적용할 생각입니다.

라쉬 공동체를 만나다

제가 안식년에 들어가고 우근이의 뒷바라지를 전담하기로 하면서
아내는 복직 준비도 할 겸 해서 잠시 충전의 시간을 갖기로
했습니다. 이 기간을 이용해 P복지재단에서 주관하는 '장애인전문가
해외 연수'를 다녀왔지요. 장애 아동을 지원하는 특수교사와
사회복지사, 치료사, 그리고 부모 스무 명을 선발하여 교육하는 이
연수는 해외의 장애 관련 시설과 정책을 직접 현지에서 경험해볼
수 있는 프로그램이었습니다. 사전에 국내 연수를 실시한 후에 해외
견학을 다녀오더군요. 아내가 참가했던 당시에는 일본의 장애인
생활공동체와 장애인 직업시설 등을 두루 살펴보고 돌아오는
일정으로 짜여있었습니다.

그 연수를 통해 아내는 우근이의 미래에 대해 많은 생각을 했나
봅니다. 저에게도 강력히 추천하더군요. 이듬해, 아내의 제안대로
저 역시 장애인 부모 자격으로 지원하여 국내 연수를 비롯하여 미국
서부와 캐나다 동부를 탐방하는 기회를 가질 수 있었습니다.

사전에 진행된 국내 연수에서 참가자들은 미국 서부와 캐나다에
있는 장애인 관련 기관에 대한 조사를 진행했습니다. 이를 바탕으로
사전 세미나를 밀도 있게 진행했습니다. 해외 연수 기간 동안 우리가
방문할 예정으로 있는 장애 관련 기관 중에는 캐나다 동부 토론토에
있는 라쉬공동체 〈데이브레이크〉도 포함되어 있었습니다. 이 연수를
계기로 저는 라쉬공동체를 처음 만났습니다.

라쉬공동체의 이념과 정신에 매료되다

라쉬공동체(L'arche Community)는 장애인과 비장애인이 마치
한 가족처럼 어울려 살아가는 작은 생활공동체입니다.
1964년 캐나다인 장 바니에(Jean Vanier)가 지적장애인 두 명과
함께 파리 근교에 있는 뜨뢰즐리에서 살면서 시작된 지역 밀착형
생활공동체이지요. 무려 50년이 넘는 역사를 자랑하는 라쉬는
국제적인 연대성을 지닌 조직으로, 현재 프랑스 파리에 국제 본부를
두고 있으며 전 세계 40여개 나라에 걸쳐 150여 개의 공동체를
형성하고 있습니다.

국내 연수를 마치고 우리는 드디어 캐나타 토론토에 있는
라쉬공동체 〈데이브레이크〉를 방문했습니다. 그곳은 토론토 도심과
그 근교에 흩어져 있는 집에서 장애인과 비장애인이 이웃과 함께
어울려 살아가는 일종의 마을 속 공동체였습니다. 말이 공동체이지,
겉으로 보기에는 마을에 섞여있는 집과 다를 바 없었습니다.
그곳에서 라쉬공동체의 환경, 그곳에서 함께 살아가는 사람들,
그리고 장애인과 비장애인이 함께 생활하는 일상을 직접 살펴보면서
저는 깊은 감명을 받았습니다. 무엇보다 비장애인들이 자신과
함께 살아가는 장애인을 대하는 태도가 아주 인상적이었습니다.
장애인들을 존중하되, 일방적으로 희생하거나 헌신하는 태도가
아니더군요. 그럼에도 장애인과 함께하는 삶을 통해 스스로 성장한
경험을 들려주는 대목에선 저도 모르게 눈시울이 뜨거워졌지요.

장애에 대한 새로운 관점에 눈뜨다

라쉬공동체에서는 장애인 당사자의 행복도 중요하게 여기지만
함께하는 조력자의 행복도 동등하게 중요시합니다. 일방적인 희생이
아니라 함께 행복해야 한다는 신념이 있습니다. 그에 비해 우리
주변에서는 장애인과 함께하는 전문가나 부모는 장애인을 위해
일방적으로 희생해야 한다는 강박 같은 게 널리 퍼져있다는 걸
부인할 수 없을 겁니다. 하지만 내가 행복하지 않는데 남을 행복하게
대할 수 없는 법 아닐까요?

저는 라쉬공동체와의 만남을 통해 장애에 대한 새로운 관점에
눈뜨게 되었습니다. 아이의 장애를 축복이자 선물로 받아들이는
영성을 배우고, 장애를 새롭게 인식하는 계기가 되었지요.

한국에서 라쉬공동체
설립을 준비하다

저는 라쉬공동체가 우근이의 장래를 모색하고 준비하는 데 도움이
되리라고 기대했습니다. 그래서 해외 연수를 마치고 한국에 돌아온
후 우리나라에도 라쉬공동체가 있지 않을까 하고 여러 경로를 통해
알아봤습니다. 하지만 아무리 찾아봐도 없더군요. 나중에 알고 보니
우리나라에도 국제 라쉬에서 조력자로 살다가 오신 분들을 중심으로

한국에 라쉬공동체 설립을 준비하는 모임이 있더군요. 저는 곧바로
그 모임에 나가기 시작했습니다.

한편으로 저는 라쉬공동체를 해외에서 직접 체험하는 기회를
가져보고 싶은 마음을 떨칠 수가 없었습니다. 그 경험을 통해
한국에서 라쉬공동체를 설립하는 데 일조할 수 있겠다는 생각도
있었지요. 가족이 다 함께 현장에 가서 1~2년 정도 체험해볼
요량으로 준비에 들어갔습니다. 저는 라쉬 조력자로 일하고, 아내와
아이들은 현지에서 학교를 다니게 할 생각이었지요.

하지만 현실적으로 한계에 부딪쳤습니다. 아내 직장에서 여러 규정상
해외 근무를 지원할 수 없다는 결론이 나왔습니다. 아내가 직장을
그만두지 않는 이상 현실화하기 힘든 상황이었지요. 하는 수 없이
깨끗하게 포기하고 한국에서 라쉬공동체 설립을 위한 준비모임에
더욱 충실하기로 했습니다.

더불어 살아가는 공동체를 꿈꾸다

그 이후로 지금까지 저는 〈사단법인 라쉬친구들〉 모임에 나가고
있습니다. 2004년부터는 이사회 멤버로서 활동해오고 있지요.
그동안 〈라쉬친구들〉은 한국에 라쉬공동체 설립을 목표로 국제
라쉬와 연대하며 활동해왔습니다. 2008년 사단법인으로 전환한
이후에 인천 강화에서 공동체 〈봄이네 집〉을 5년 정도 운영하기도
했습니다.

지금은 서울에 공동체를 설립하기 위해서 다시 힘을 모으고
있습니다. 매달 한 번씩 장애인과 비장애인 친구들이 모여서 함께
새로운 출발을 준비하고 있지요.

제가 〈라쉬친구들〉 모임에 참여해서 지금까지 함께해올 수 있었던
가장 큰 원동력은 다름 아닌 라쉬가 추구하는 정신입니다.

세상에서 가장 약한 자(장애인)를 통해 삶의 지혜를 얻고 더불어
행복하게 살아가는 건 모든 종교가 추구하는 덕목이지요.

그 목표를 발달장애인과 함께하는 삶을 통해 구현해내는 공동체가
바로 라쉬입니다.

그동안 많은 장애아 부모가 라쉬 준비모임에 관심을 갖고
참여해왔습니다. 하지만 한두 번 참석하고는 더 이상 모임에 나오지
않는 분들이 많았습니다. 한국에서 라쉬공동체를 설립하는 것이
결코 쉽지 않다는 걸 알게 되었기 때문입니다.

또한 라쉬는 아주 작은 공동체라서 우근이뿐 아니라 한국의
발달장애인을 위한 대안이 될 수는 없습니다. 사정이 이러니 만약에
제가 처음부터 우근이의 장래만을 생각해서 라쉬 모임에 나갔다면,
아마 저 역시도 지금까지 활동하지 못했을 겁니다.

한국에 단 한 곳만이라도 라쉬공동체가 생겨난다면 이것이야말로
한국의 모든 장애인과 비장애인의 삶을 풍요롭게 할 수 있는
상징적인 존재가 될 거라고 저는 확신합니다.

각자의 특성대로 어울려 살아가는 세상

〈라쉬친구들〉 모임을 통해 한 달에 한 번 만나는 장애인 친구들은 저에게 성찰과 성장의 기쁨을 줍니다. 〈라쉬친구들〉 모임은 제 삶에 활력소입니다.

앞으로 한국에 라쉬공동체가 설립되기까지는 많은 어려움이 따를 뿐더러 아주 긴 시간이 걸릴 수 있습니다. 라쉬 정신은 한 사람의 열 걸음 보다 열 사람의 한 걸음을 더 중요시하기 때문이지요.

저는 조급해하지 않습니다. 제가 발 딛고 있는 가정, 이웃, 나아가 한국 사회에서 라쉬 정신을 조금씩 실천하며 살아가려는 노력으로 만족합니다.

공자는 논어에서 '화이부동(和而不同)'을 이야기했습니다. 각자 자신만의 독특한 색깔을 지니고서도 더불어 살아간다는 뜻이지요. 저는 꿈꿉니다. 우근이뿐만 아니라 장애가 있는 아이 모두가 자신의 특성대로 사람들과 어울려 살아가는 세상을 말입니다.

우근이가 사라졌다

자폐 아들과 함께한 시간의 기록

글쓴이 | 송주한
펴낸이 | 곽미순   편집 | 윤도경   디자인 | 이순영
펴낸곳 | ㈜도서출판 한울림   편집 | 윤소라 이은파 박미화
디자인 | 김민서 이순영   마케팅 | 공태훈 윤도경   경영지원 | 김영석
출판등록 | 2008년 2월 13일(제2021-000316호)
주소 | 서울특별시 마포구 희우정로16길 21
대표전화 | 02-2635-1400   팩스 | 02-2635-1415
블로그 | blog.naver.com/hanulimkids
인스타그램 | www.instagram.com/hanulimkids

첫판 1쇄 펴낸날 | 2018년 12월 10일
    4쇄 펴낸날 | 2024년 9월 20일
ISBN 978-89-93143-68-3 13590